冶金工业出版社

中等职业教育“十四五”规划教材

# 简单零部件普通车床加工

主　编　章晨曦　颜良法
副主编　林理波　冯清梅　莫屏屏　程青青

北　京
冶　金　工　业　出　版　社
2025

## 内容提要

本书主要内容包括车床的基本知识，并以手电筒各部件的加工为例，介绍车床操作的基本技能。

本书可作为职业类技术院校机械加工类专业的教材，供高一、高二年级学生使用。

**图书在版编目（CIP）数据**

简单零部件普通车床加工 / 章晨曦，颜良法主编 . 北京 ：冶金工业出版社，2025. 7. --（中等职业教育“十四五”规划教材）. -- ISBN 978-7-5240-0318-2

Ⅰ. TG511. 06

中国国家版本馆 CIP 数据核字第 2025FF9023 号

**简单零部件普通车床加工**

**出版发行** 冶金工业出版社　**电　话** (010)64027926

**地　址** 北京市东城区嵩祝院北巷 39 号　**邮　编** 100009

**网　址** www. mip1953. com　**电子信箱** service@ mip1953. com

责任编辑 王悦青　美术编辑 吕欣童　版式设计 郑小利

责任校对 梅雨晴　责任印制 范天娇

北京富资园科技发展有限公司印刷

2025 年 7 月第 1 版，2025 年 7 月第 1 次印刷

787mm×1092mm 1/16；12. 25 印张；295 千字；188 页

**定价 49. 00 元**

**投稿电话 (010)64027932　投稿信箱 tougao@cnmip. com. cn**

**营销中心电话 (010)64044283**

**冶金工业出版社天猫旗舰店 yjgycbs. tmall. com**

（本书如有印装质量问题，本社营销中心负责退换）

# 前　言

在当今快速发展的工业社会中，机械制造业作为国民经济的支柱产业，对人才的需求日益迫切。特别是中等职业教育领域，如何培养出既具备理论知识又拥有实际操作技能的高素质人才，成为教育改革的重要方向。《简单零部件普通车床加工》一书正是在这样的背景下应运而生，旨在适应中职教育需求，同时注重学生素质的全面提升和能力的拓展强化。

当前，中职教育以培养实用型、技能型人才为目标，强调理论与实践相结合。本书笔者是台州第一技师学院的机械专业教师，在多年的一线教学中，紧密贴合中职教育特点，以简单零部件的普通车床加工为核心内容，以手电筒加工为例，旨在提高学生的学习兴趣，通过系统的学习，使学生掌握车床操作的基本技能，满足企业对一线技术工人的需求。

面对日益激烈的市场竞争，企业对员工的综合素质要求越来越高。本书不仅注重车床操作技能的培养，还强调理论知识的学习，通过“理论+实践”的教学模式，培养出既懂理论知识又懂实际操作的复合型人才，为学生未来的职业发展奠定坚实基础。

随着数控技术的广泛应用，数控加工已成为机械制造业的重要组成部分。本书在介绍普通车床加工的基础上，适当引入数控加工的相关知识，为数控加工专业的教学发展提供帮助，同时也利于拓宽学生的就业渠道。

为了增强学生的实践能力，本书设置了大量的实训任务，并提供了详细的图纸和操作步骤。这些实训任务均来源于实际生产，具有很强的实用性和针对性，能够帮助学生更好地理解和掌握车床加工技能。

本书作为技工院校一体化课程教学改革数控加工专业教材，在传授专业知识的同时，还注重学生的思想道德素质、职业素养和人文素质的培养。通过案例分析、职业道德教育等方式，引导学生树立正确的价值观和职业观，为学生的全面发展奠定基础。

参与本书编写的为台州第一技师学院的各位老师，其中：颜良法负责编写学习任务一和任务二；章晨曦负责编写学习任务三和任务四；林理波老师负责编写学习任务五；冯清梅老师负责编写学习任务六；莫屏屏负责编写学习任务七；程青青负责编写学习任务八；此外，孙高钢、陈帆、倪恩伟三位老师也共同参与了本书的编写。本教材的出版，得到了台州第一技师学院的大力支持，在此表示感谢。

由于编者水平和经验有限，书中疏漏和不足之处，敬请读者批评和指正。

编　者
2025年1月

# 目　录

# 总任务　手电筒加工

### ·学习目标

1. 按照车间安全防护规定穿戴劳保用品，执行安全操作规程，牢固树立正确的安全文明操作意识。
2. 正确安全使用车床。
3. 正确识读零件图纸，明确加工要求。
4. 正确阅读理解加工工艺卡，完成手电筒加工的工艺过程设计。
5. 掌握手电筒加工所涉及的加工内容的基本操作，完成手电筒加工及组装。
6. 对完成的零部件进行正确的检验，完成手电筒各零部件检验。
7. 对工件进行车削质量分析，并总结出产生废品原因及预防方法。
8. 正确自我评价和小组评价。

### ·建议课时

1 学期（130 课时）

### ·工作情境描述

校产学研部门即奔匠有限公司现需生产一批仿古手电筒作为工艺展示品，该生产任务工期较长，不急用，且加工任务较为简单，对尺寸精度和形位精度要求不高。故将此任务下派至学校中级工车工实训班组，希望学生能够在学习中完成生产任务，感受企业的氛围。

### ·任务选定原因

本教材采用手电筒作为新生车工中级工阶段的实训任务，首先手电筒作为一个实际用品，学生加工完可以自行使用，与以往的案例相比，将大大增加学生对加工的学习兴趣。其次，手电筒加工过程中涉及端面、外圆、锥面、车槽、切断、钻孔、车孔、铰孔、螺纹等中级工所覆盖的所有知识点，是一个比较全面的任务。

### ·工作流程与活动（130 课时）

1. 车床的基本认知（18 课时）。
2. 手电筒轴类零件加工（24 课时）。
3. 手电筒筒身外形加工（18 课时）。
4. 手电筒筒身内腔加工（12 课时）。
5. 手电筒尾盖加工（18 课时）。

6. 手电筒灯座加工（18 课时）。
7. 手电筒散件加工（18 课时）。
8. 手电筒组装及成品展示（4 课时）。

## · 工作任务图纸

工作任务图纸如图 0-1～图 0-3 所示。

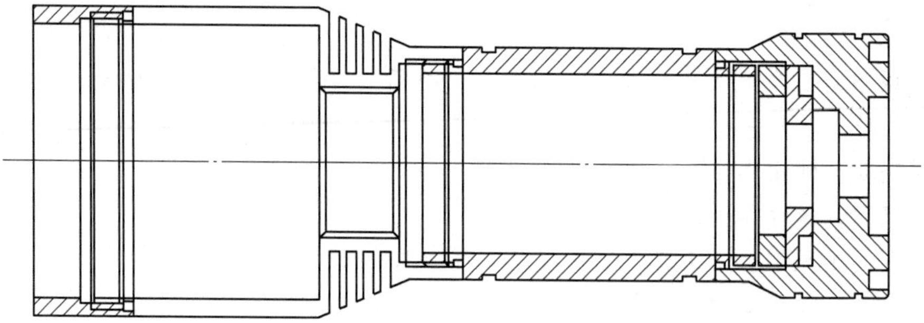

图 0-1 手电筒组装总图

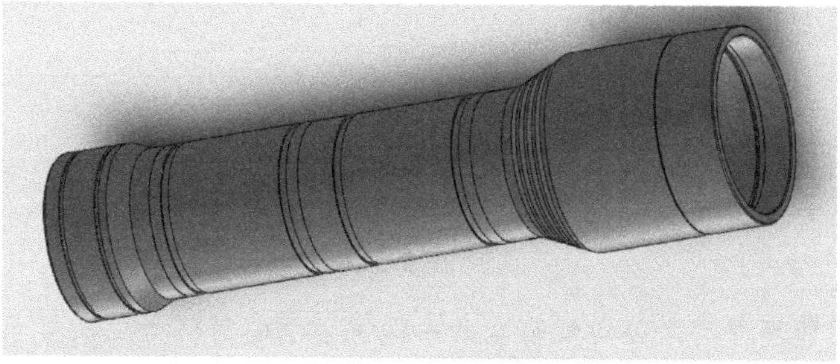

图 0-2 手电筒三维图

图 0-3 手电筒实物图

# 学习任务一　车床的基本知识

**·学习目标**

1. 按照车间安全规定穿戴劳保用品，执行安全操作规程，牢固树立正确的安全文明操作。
2. 认识车床的组成、结构、功能。
3. 了解车床的主要技术参数，了解车床型号含义。
4. 了解常用的车床工装夹具和辅具。
5. 掌握车床各操作手柄的使用方法和作用。
6. 了解普通车床的传动系统路径。
7. 掌握三爪自定心卡盘的结构和安装方法。
8. 按照车床的安全操作规程操作车床。
9. 按照车间现场管理规定和7S要求，整理现场，保养机床，并填写相关表格。
10. 按照车间规定完成工量具领取单和归还单。
11. 能够主动获取有效信息，展示成果，并能对组员和自我进行有效评价。

**·建议课时**

18课时

**·工作情境描述**

新员工入职后，企业一般要对新员工进行岗前培训，学生在本任务中作为企业员工角色（车工工人），同样要进行岗前培训。对一名车工来说，首先要了解车工岗位的工作性质，遵守车床的安全操作规程，认识车床各零部件的名称、结构及作用；认识了解车削加工的基本原理；能规范操作车床，并对车床进行日常保养与维护；能够按照7S管理要求进行车间整理。

**·工作流程与活动**

1. 车间安全文明生产教育（2课时）。
2. 参观车间（2课时）。
3. 车床的基本操作（10课时）。
4. 车床的润滑和保养（2课时）。
5. 工作总结与评价（2课时）。

# 活动一 车间安全文明教育

## 学习目标

1. 遵守安全文明生产规程，树立安全文明生产意识。
2. 了解劳动保护用品作用，正确穿戴劳保用品。

## 教学时间

2 课时

## 学习准备

车间安全操作规程、微视频

## 学习内容

### 一、小组成员在工作中的角色职责分配

根据本课题的任务活动，此次任务主要有两种工作角色，第一种为讲解员，其主要任务是在自学的基础上向其他人员讲解车间安全规章和正确着装；第二种为新入职员工，其主要任务是在听完讲解后，要指出车间中的不安全行为和练习正确着装。详细分工见表1-1。

**表 1-1 小组岗位确定表**

| 姓名 | 岗位角色 | 任 务 |
|---|---|---|
| | 讲解员 A | 车间安全规章 |
| | 讲解员 B | 车间着装要求 |
| | 新员工 | |
| | 新员工 | |

### 二、接受安全文明生产教育

安全文明生产是企业生产管理的重要内容之一，直接影响企业的产品质量和经济效益，影响设备的利用率和使用寿命，影响工人的人身安全。作为新员工，进入企业前，就要培养良好的文明生产和安全生产习惯，为下一步工作打好坚实的基础。

**活动 1**：讲解员 A 通过查阅资料和观看车间安全教育视频，向新员工讲解车间安全知识；新员工指出表 1-2 中车间生产现场中都存在哪些安全文明的问题。

表 1-2　生产现场中存在的问题

| 项　　目 | 存在的问题 |
| --- | --- |
|  | |
|  | |
|  | |
|  | |

续表 1-2

| 项　目 | 存在的问题 |
| --- | --- |
|  | |

**知识链接：车削时安全操作要点**

1. 工作时，头不能离工件太近，以防切屑飞入眼中。

2. 工作时，必须集中精力，注意手、身体和衣服不能靠近正在旋转的机件（如工件、主轴、齿轮等）。

3. 工件和车刀必须装夹牢固，以防飞出伤人。切记工件、车刀装夹完毕后，卡盘钥匙和刀架钥匙必须随即取下。

4. 装卸工件、更换刀具、测量工件及变化转速时，必须先停机。

5. 车床转动时，禁止用手触摸工件。严禁用手或者卡盘钥匙去停住转动的卡盘。

6. 应用专用的工具去清理切屑，严禁直接用手清除，以防切屑伤手。

7. 切削液要对准切削区域，如不慎将切削液溅在身体上或者溅入眼中，应及时报告指导老师，进行清洗处理。

8. 严禁在车间嬉戏打闹，严禁擅自离岗、串岗、睡岗等行为发生。如不慎受伤，应及时上报，请勿擅自处理。

**活动 2**：讲解员 B 通过查阅资料向新员工讲解车间着装要求，并示范如何规范着装；新员工按照要求整理各自着装。

## 相关理论

车间着装要求如下：

1. 工作时应穿工作服、戴袖套，禁止系领带。

2. 穿工作服必须符合“四紧”要求，即襟紧、袖口裤管紧、袋口紧、领口紧。

3. 长发同学应戴工作帽，将长发塞入帽子。

4. 夏季禁止穿裙子和短裤，禁止穿拖鞋和凉鞋进入车间。

5. 在车床上加工时不允许戴手表、手套或佩戴戒指等首饰。

**活动 3：安全案例分析**

小明是在校学生，本周开始进入车间进行车削加工实习。夏天天气炎热，小明穿着短袖校服和拖鞋进入车间，在未经教师同意的情况下，直接启动车床开始加工。加工期间，小明觉得车床手柄和工件较脏，于是便戴了一副手套继续加工，且边加工边与周围的同学讨论昨晚打游戏的情况。

请大家小组讨论一下，小明的行为正确吗？不正确的话，请指出他的哪些行为是错误的，应如何改正。

# 活动二　参 观 车 间

## 学习目标

1. 了解车间 7S 管理方案。
2. 描述车床的分类、型号、名称及其加工特点。
3. 了解车床的加工内容。

## 教学时间

2 课时

## 学习准备

工作页、教学视频

## 学习内容

### 一、参观车间

1. 参观前请对照表 1-3 进行安全自检，并将结果记录在表中。

**表 1-3　安全自检表**

| 自 检 问 题 | 记　录 |
|---|---|
| 工作服是否穿正确 | 是□　否□ |
| 手套及饰品是否摘除 | 是□　否□ |
| 穿的鞋子是否符合要求 | 是□　否□ |
| 长发者是否戴工作帽 | 是□　否□ |
| 工作证是否佩戴 | 是□　否□ |

2. 观察参观过程中所看到的车床类型和型号并记录至表 1-4。

**表 1-4　车床类型和型号**

| 车　间 | 类型 | 型号 | 数量 | 厂家 |
|---|---|---|---|---|
| 普通车床车间 | | | | |
| | | | | |
| | | | | |
| | | | | |

**知识链接：车床型号含义**

车床型号由汉语拼音字母及阿拉伯数字组成，CA6140 车床是最常用的国产卧式车床，车床的型号字母和数字含义为：

C A 6 1 40

- 40 —— 主参数折算值(床身最大工件回转直径的1/10)
- 1 —— 系代号(卧式车床系)
- 6 —— 组代号(卧式车床组)
- A —— 结构特性代号
- C —— 类代号(车床类)

## 二、了解车床加工内容

1. 根据图 1-1，了解车床能完成的基本内容有哪些。

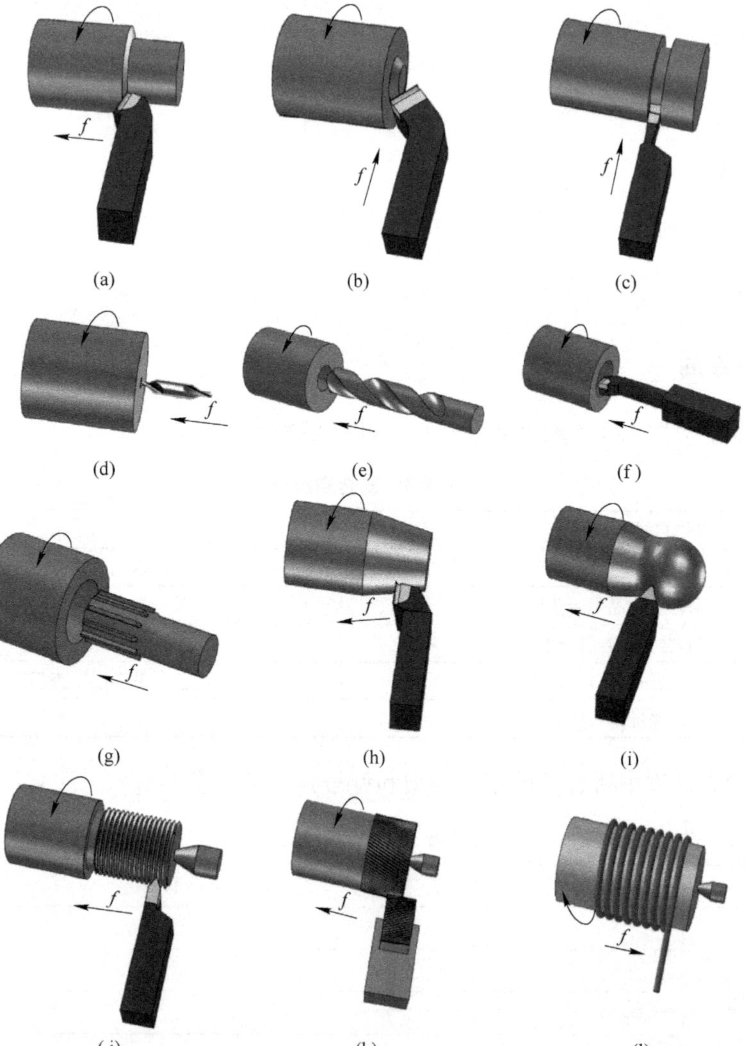


图 1-1 车削的基本内容

(a) 车外圆；(b) 车端面；(c) 切断和车槽；(d) 钻中心孔；(e) 钻孔；(f) 车孔；(g) 铰孔；(h) 车圆锥；(i) 车成形曲面；(j) 车螺纹；(k) 滚花；(l) 盘绕弹簧

2. 根据已了解的知识内容，试说明本任务中手电筒需要完成哪些加工任务？

3. 查阅资料，了解车削运动的相关知识，并完成表 1-5。

**表 1-5　车床加工主运动和进给运动**

| 运　动 | 车外圆 | 车端面 | 钻孔 | 车圆弧 |
|---|---|---|---|---|
| 主运动 | 工件旋转 | | | |
| 进给运动 | 车刀的纵向进给 | | | |

## 相关理论

### 车削运动定义

车削时，为了切除多余的金属，必须使工件和车刀产生相对的车削运动。按运动的作用不同，车削运动可分为主运动和进给运动两种，如图 1-2 所示。

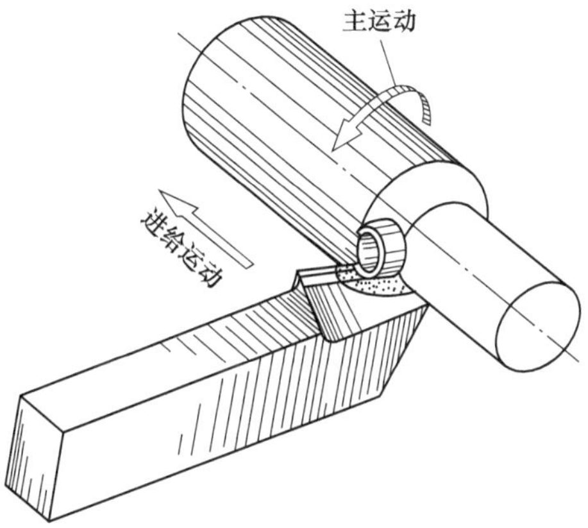


图 1-2　车削运动示意图

（1）主运动：主运动是机床的主要运动，它消耗机床的主要动力。

（2）进给运动：进给运动是指使工件的多余材料被不断去除的车削运动，分为横向运动和纵向运动。

4. 查阅资料，了解车削运动形成的 3 个表面。

车削时，工件形成 3 个表面，即已加工表面、过渡表面和待加工表面，如图 1-3 所示。

（1）已加工表面：已加工表面是指工件上经刀具切削后产生的新表面。

（2）过渡表面：过渡表面是指工件上由切削刃正在形成的那部分表面。

（3）待加工表面：待加工表面是指工件上有待切除的表面。

## 三、车间 7S 管理方案

1. 读懂 7S 管理。分小组自行查找以下相关内容。

（1）什么是“7S”？

（2）“7S”具体要怎么完成，才能规范？

（3）以前大家有没有接触过 7S 管理？

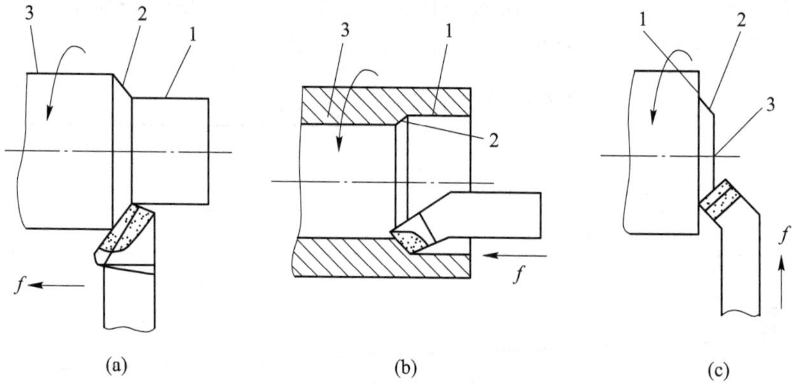


图 1-3 车削时工件上的 3 个表面
（a）车外圆；（b）车孔；（c）车端面
1—已加工表面；2—过渡表面；3—待加工表面

2. 车间整理的具体过程如下：

（1）以 7S 要求对车间整体进行整改，记录相应的问题，拍下照片并完成表 1-6。

**表 1-6 车间 7S 整理缺陷记录表**

| 7S 整理缺陷问题 | 照 片 |
|---|---|
| 工量具未按照规定位置摆放 |  |
| | |
| | |
| | |

（2）针对表 1-6 找出的缺陷，按 7S 要求对工位进行的整理，拍下照片完成表 1-7。

**表 1-7 车间整理成果**

| 整 改 方 案 | 照 片 |
|---|---|
| 设定专门区域合理摆放工量具 | |
| | |
| | |
| | |

（3）各小组同学们，按照 7S 管理方案完成车间整理打扫后，请写出整理心得。

# 活动三　车床的基本操作

## 学习目标

1. 描述 CA6140 车床的组成、结构、功能，指出各部件的名称和作用。
2. 叙述普通车床的传动系统形式。
3. 了解 CA6140 车床的各部分结构及其作用。
4. 对三爪自定心卡盘上卡爪进行识别和正确地安装。
5. 正确掌握车床各操作手柄的作用及使用方法。
6. 正确开启车床，按操作规程进行加工前预热、转变转速等准备工作。
7. 按车间现场管理要求整理现场，保养机床，并填写相关表格。

## 教学时间

10 课时

## 学习准备

工作页、CA6140 车床及使用手册、工量具、辅具等

## 学习内容

### 一、车床

1. CA6140 型车床的主要结构如图 1-4 所示。查阅资料，了解 CA6140 型车床各部分的名称，并填写主要结构的作用，完成表 1-8。

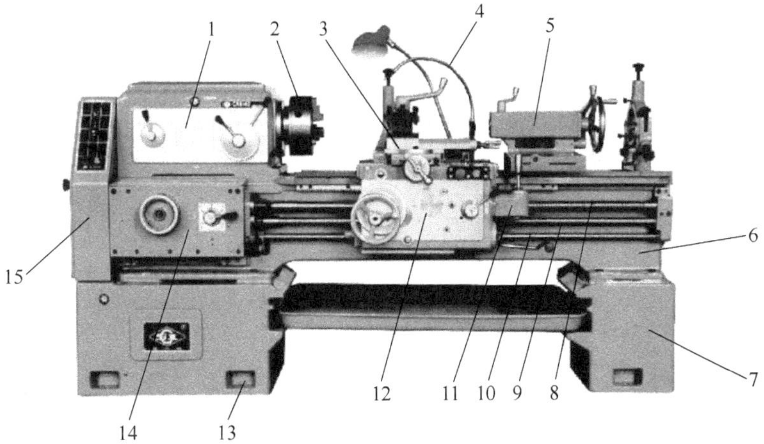


图 1-4　CA6140 车床结构

1—主轴箱；2—卡盘；3—刀架部分；4—冷却嘴；5—尾座；6—床身；7，13—床脚；8—丝杠；9—光杠；10—操纵杆；11—快移机构；12—溜板箱；14—进给箱；15—交换齿轮箱

**表 1-8 CA6140 型车床主要结构作用**

<table>
<tr><th>名称</th><th>结 构</th><th>作 用</th></tr>
<tr><td>主轴箱</td><td>
</td><td>支撑主轴，带动工件做旋转运动。箱外有手柄，变换手柄位置，可使主轴得到多种转速。卡盘装在主轴上，卡盘夹持工件作旋转运动</td></tr>
<tr><td>交换齿轮箱</td><td>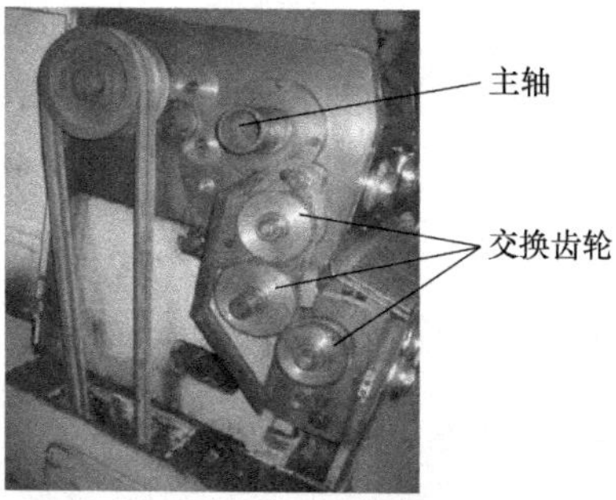
</td><td></td></tr>
<tr><td>进给箱</td><td></td><td></td></tr>
<tr><td>溜板箱</td><td>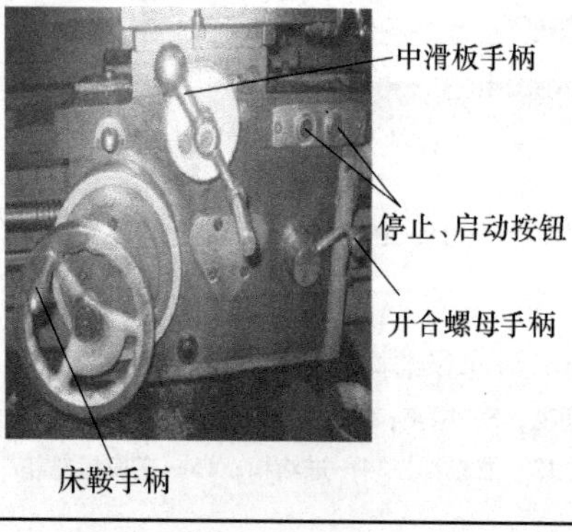
</td><td></td></tr>
</table>

续表 1-8

| 名称 | 结　　构 | 作　　用 |
|---|---|---|
| 刀架部分 |  | |
| 尾座 |  | |
| 床身 |  | |
| 照明冷却装置 | 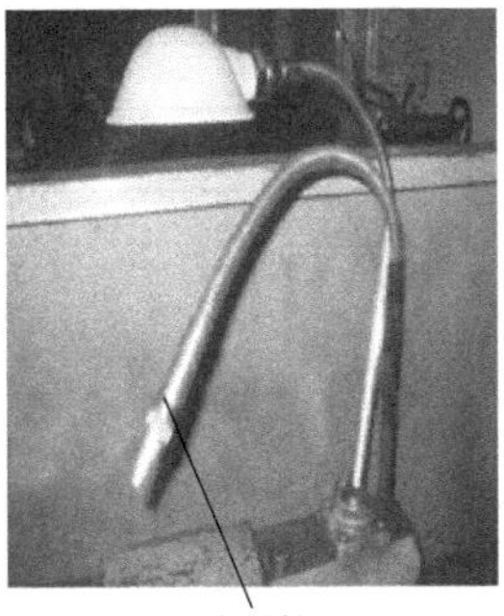 | 照明灯使用安全电压，为操作者提供充足的光线，保证明亮清晰的操作环境；切削液被冷却泵加压后，通过冷却管喷射到切削区域 |

2. 观察图 1-5，试说明卧式车床是如何传动的，传动路线是怎样的？

3. 通过查阅 CA6140 车床使用手册等资料，小组讨论 CA6140 型车床的主要技术参数，并完成表 1-9。

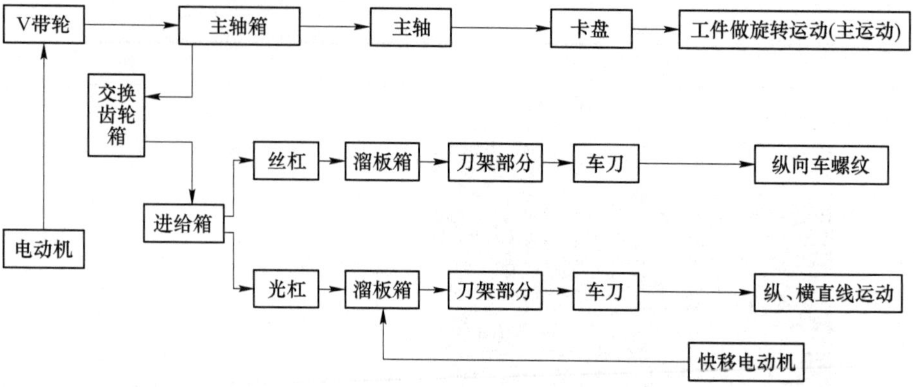


图 1-5 CA6140 型车床的传动路线图

**表 1-9 CA6140 型车床主要技术参数**

| 主要技术参数 | 主要技术参数值 |
|---|---|
| 床身上工件最大回转直径 $D$ | $D$=400 mm |
| 中心高 $H$ | $H$=205 mm |
| 最大工件长度 | |
| 最大车削长度 | |
| 小滑板最大车削长度 | |
| 尾座套筒最大移动长度 | |
| 尾座套筒锥孔 | |
| 主轴前段锥度 | |
| 主轴转速（正转） | |
| 主轴转速（反转） | |

## 二、车床的常用通用夹具

1. 在车削加工中，一般用卡盘来装夹工件，以下两种卡盘是目前最常用的车床夹具，查阅资料说明这两种卡盘的名称及其装夹工件的类型，信息记录在表 1-10 中。

**表 1-10 常用的车床卡盘名称及作用**

| 卡 盘 | 名 称 | 装夹工件类型 |
|---|---|---|
| 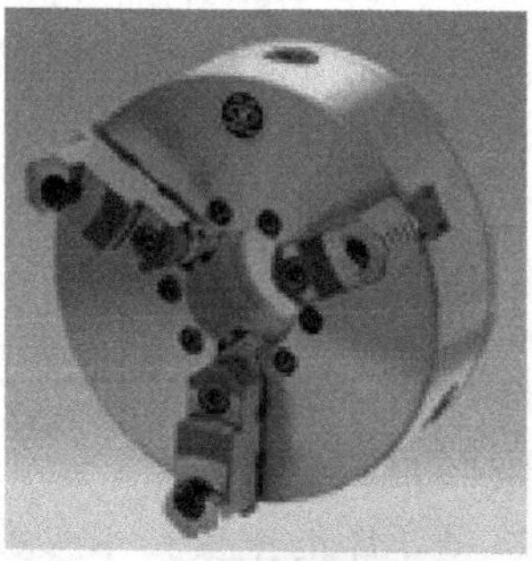 | | |

续表 1-10

| 卡　盘 | 名　称 | 装夹工件类型 |
|---|---|---|
|  | | |

2. 学生查阅资料，然后根据图 1-6 所示方法按小组进行三爪自定心卡盘卡爪的拆卸与安装，并写出拆装要点与心得。

图 1-6　三爪自定心卡盘卡爪的拆卸

## 相关理论

1. 三爪自定心卡盘的卡爪的安装方法如下：

步骤1：识别1号卡爪、2号卡爪和3号卡爪，并将其按顺序排好。观察卡爪侧面上的号码，若号码不清晰，则可把3个卡爪并放在一起，比较背面螺纹牙数，最多的为1号，最少的为3号，如图1-7所示。

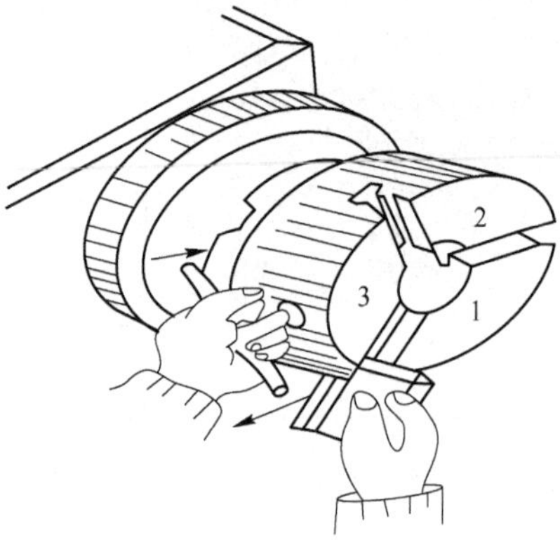


图1-7 卡爪的安装示意图

步骤2：将卡盘下方的方榫插入卡盘外壳圆柱面上的方孔中，按顺时针方向旋转，带动大锥齿轮背面的平面螺纹传动，当平面螺纹的端扣转动接近壳体上1号槽时，将1号卡爪插入壳体槽内。

步骤3：继续顺时针转动卡盘扳手，用同样的方法，在卡盘壳体上的2号槽装入2号卡爪。

步骤4：用同样的方法在3槽装入3号卡爪。

2. 拆卸三爪自定心卡盘的卡爪的拆卸方法如下：

按照与安装卡爪相反的步骤拆卸三爪自定心卡盘的卡爪。

## 操作提示

三爪自定心卡盘卡爪的安装注意事项如下：

1. 装卸卡盘前应切断电动机电源，即向下扳动电源总开关由“ON”至“OFF”位置。
2. 将卡盘及卡爪的各表面（尤其是定位配合表面）擦净并涂油。
3. 在靠近主轴处的床身导轨上垫一块木板，以保护导轨面不受意外撞击。
4. 卡盘扳手用后必须随即取下。

### 三、车床的操作练习

1. 按照表1-11提示进行车床的启动操作。

**表 1-11　车床的启动操作**

| 图　　示 | 操 作 方 法 |
| --- | --- |
|   | 检查车床各变速手柄是否处于空挡位置，离合器是否处于正确位置，操纵杆是否处于停止状态，确认无误后，合上车床电源开关 |
|  | 按下床鞍上的绿色启动按钮，打开电动机 |
|  | 向上提起操作杆手柄，主轴开始正转；<br>操作手柄回到中间位置，主轴停止；<br>向下压下操作杆，主轴反转；<br>切勿连续转动操作杆，造成瞬间电流过大而发生电气故障 |
|  | 按下床鞍上的红色急停按钮，关闭电动机 |

2. 溜板箱部分的手动操作如下：

（1）大滑板：逆时针转动大滑板手柄，床鞍靠近主轴方向运动，简称“鞍进”；反之向尾座方向，简称“鞍退”。大滑板手柄，每转过 1 格，床鞍移动 1 mm。

（2）中滑板：顺时针转动中滑板手柄，中滑板向原理操作者的方向移动，简称“中进”；反之向靠近操作者的方向移动，简称“中退”。中滑板手柄，每转过 1 格，中滑板横向移动 0. 05 mm。

（3）小滑板：顺时针转动小滑板手柄，小滑板靠近主轴方向运动，简称“小进”；反之向尾座方向移动，简称“小退”。小滑板手柄，每转过 1 格，小滑板移动 0. 05 mm。

（4）刀架：逆时针转动刀架手柄，刀架随之逆时针转动，以调换车刀；顺时针转动刀架手柄，锁紧刀架。

按上述要求练习溜板箱操作，并完成表 1-12。

**表 1-12 溜板箱手动操作练习**

| 图 示 | 使 用 方 法 |
| --- | --- |
| 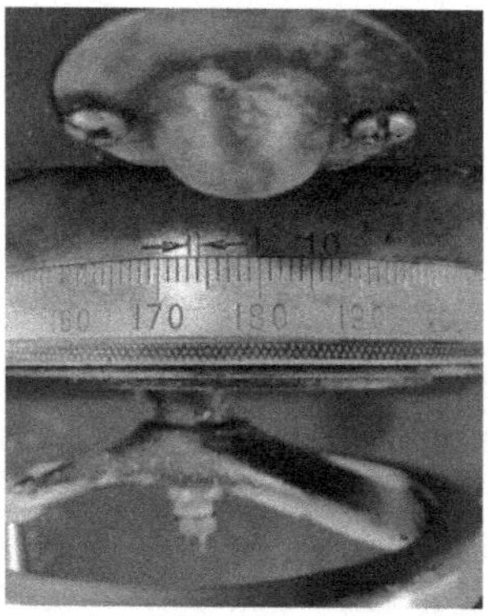 | 若要将床鞍向右进给 100 mm，称为________，此时床鞍手柄应________时针转过________格 |
|  | 若要将中滑板向操作者反向进给 1 mm，称为________，此时中滑板手柄应________时针转过________格 |

续表 1-12

| 图　示 | 使用方法 |
| --- | --- |
|  | 若要将小滑板向左纵向进给 1 mm，称为________，此时小滑板手柄应________时针转过________格 |

3. 按照表 1-13 提示进行车床的主轴转速变速操作。

**表 1-13　车床主轴转速变速操作**

| 图　示 | 操作内容 | 实　例 |
| --- | --- | --- |
|  | 找出要调整的车床主轴转速在周围上的挡位 | 找出 560 r/min 在周围的右边位置上的挡位 |
| | 将内圈长手柄拨到此位置的数字上，并记住该数字的颜色 | 长手柄指向黑色的数字“560”上 |
| | 相应地将外圈短手柄拨到与该数字颜色相同的挡位上 | 将短手柄拨到黑色小圆点的位置上 |

4. 进给箱的变速操作练习如下：

根据加工要求调整所需螺距和进给量时，可通过查找进给量油池盖上的调配表来确定手轮和手柄的具体位置，查阅资料完成表 1-14 的练习。确定纵向进给量为 0.1 mm/r，手柄、手轮位置，并调整。

**表 1-14 纵向进给量调整练习**

| 图 示 | 各手柄位置 |
| --- | --- |
| 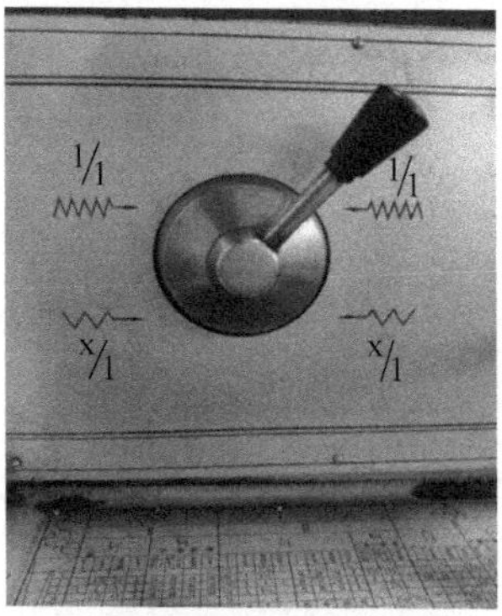 | 名称：____________<br>手柄作用：____________<br>手柄位置：____________ |
| 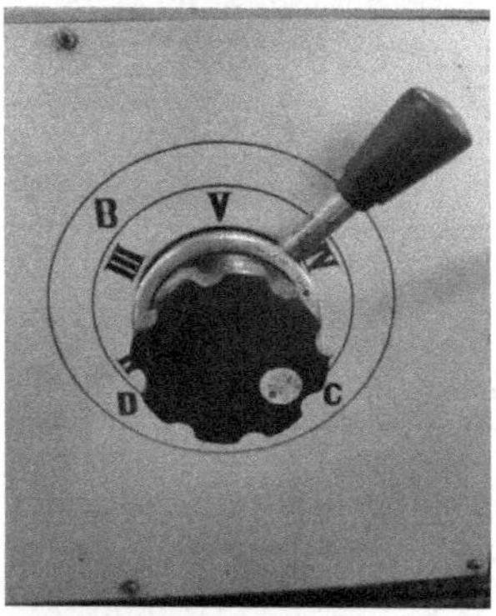 | 名称：____________<br>手柄作用：____________<br>前手柄位置：____________<br>后手柄位置：____________ |
|  | 名称：____________<br>手轮作用：____________<br>手轮位置：____________ |

# 活动四 车床润滑和保养

## 学习目标

1. 了解车床的润滑方式。
2. 掌握车床的润滑系统和润滑要求。
3. 具备车床的润滑技能。

## 教学时间

2 课时

## 学习准备

工作页、教学视频

## 学习内容

1. 常见的车床润滑方式有浇油润滑、溅油润滑、油绳导油润滑、弹子油杯润滑、油脂杯润滑和油泵循环润滑等，详情见表 1-15。

**表 1-15　常见的润滑方式**

| 图　示 | 润 滑 方 式 |
|---|---|
|  | 浇油润滑常用于外露的滑动表面，如床身导轨面和滑板导轨面等，一般用油壶进行浇注 |
| 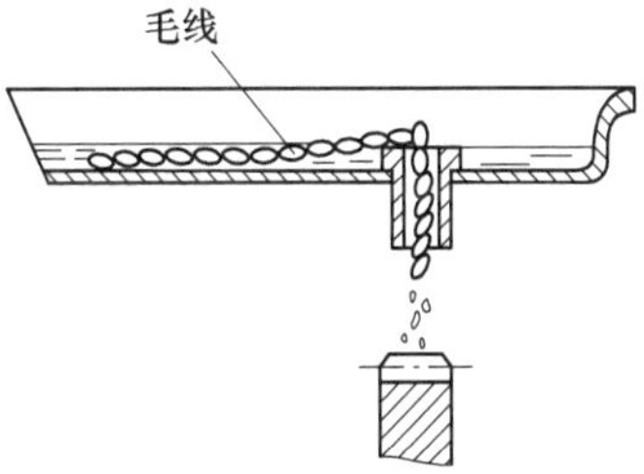 | 油绳导油润滑利用毛线既易吸油又渗油的特性，通过毛线把油引入润滑点，间断地滴油润滑，常用于进给箱和溜板箱的油池中。一般用油壶对毛线和油池进行浇注 |
| 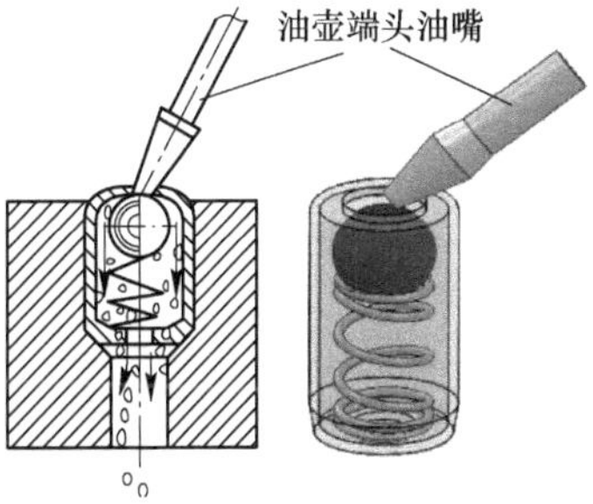 | 弹子油杯润滑是指定期地用油壶端头的油嘴压下油杯上的弹子，将油注入。油嘴撤去后，弹子又恢复原位，封住注油口，防止灰尘和切屑入内。常用于尾座和中、小滑板上的摇动手柄及丝杠、光杆、操纵杆支架的轴承处 |

续表 1-15

| 图 示 | 润 滑 方 式 |
| --- | --- |
| 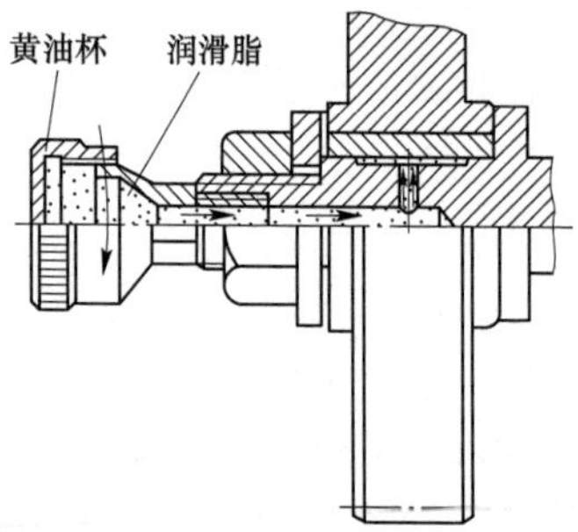 | 油脂杯润滑是指事先在油脂杯中加满钙基润滑脂（黄油），需要润滑时，拧进油杯盖，则杯中的润滑脂就被挤到润滑点中去。常用于交换齿轮箱挂轮架的中间轴或不便经常润滑处 |
| 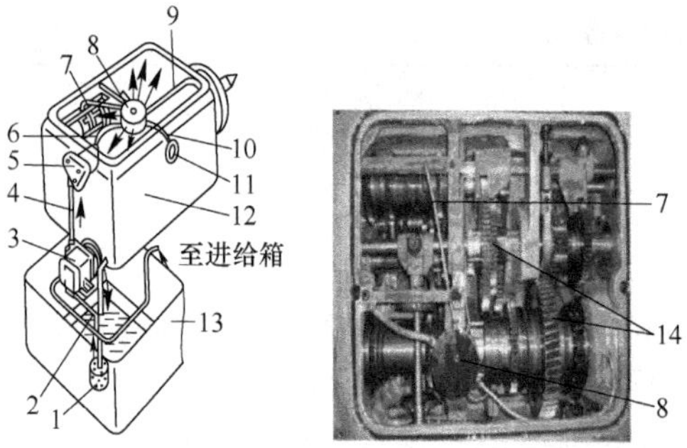 | 油泵循环润滑常用于转速高、需要大量润滑油连续强制润滑的场合，如主轴箱、进给箱内许多润滑点就采用这种方式进行润滑 |

2. 根据润滑系统标牌，查阅资料了解 CA6140 型车床润滑系统的润滑要求，如图 1-8 和表 1-16 所示。图 1-8 为 CA6140 的润滑线路图，表 1-16 表示各个数字所代表的含义。

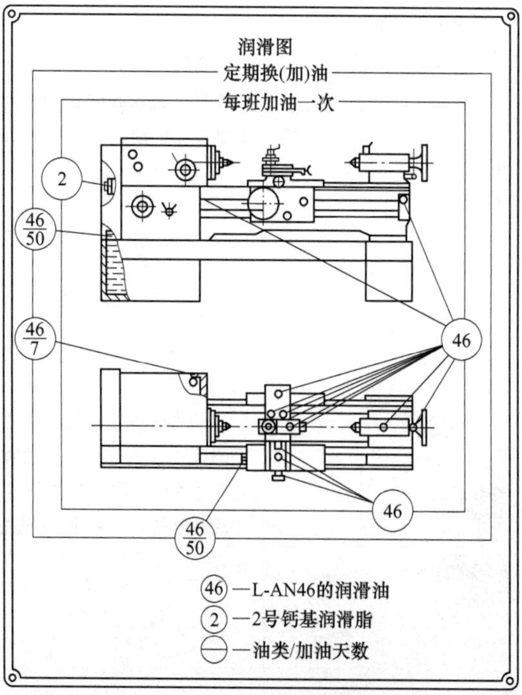


图 1-8 CA6140 型车床润滑线路

**表 1-16　CA6140 型车床润滑系统要求**

| 周期 | 数字 | 意　义 | 符号 | 含　义 | 润滑部位 | 数量 |
|---|---|---|---|---|---|---|
| 每班 | 整数形式 | “○”中数字表示润滑油牌号，每班加油 1 次 | ② | 用 2 号钙基润滑脂润滑，每班拧动油杯盖 1 次 | 交换齿轮箱中的中间齿轮轴 | 1 处 |
| | | | ㊻ | 使用牌号为 L-AN46 的润滑油，每班加油 1 次 | 多处，如图 1-7 所示 | 14 处 |
| 经常性 | 分数形式 | “$\frac{分子}{分母}$”中分子表示润滑油牌号，分母表示两班制工作时换（填）油间隔的天数（每班工作时间为8 h） | $\frac{46}{7}$ | 分子“46”表示使用牌号为 L-AN46 的润滑油，分母“7”表示加油间隔为 7 天 | 主轴箱后面的电器箱内的床身立轴套 | 1 处 |
| | | | $\frac{46}{50}$ | 分子“46”表示使用牌号为 L-AN46 的润滑油，分母“50”表示加油间隔为 50~60 天 | 左床脚内的油箱和溜板箱 | 2 处 |

3. 观看车间指导教师擦拭、润滑车床的步骤，并完成表 1-17。完成本次对车床的润滑保养，并写出保养心得。

**表 1-17　擦拭、润滑车床练习**

| 图　示 | 步　骤 |
|---|---|
| 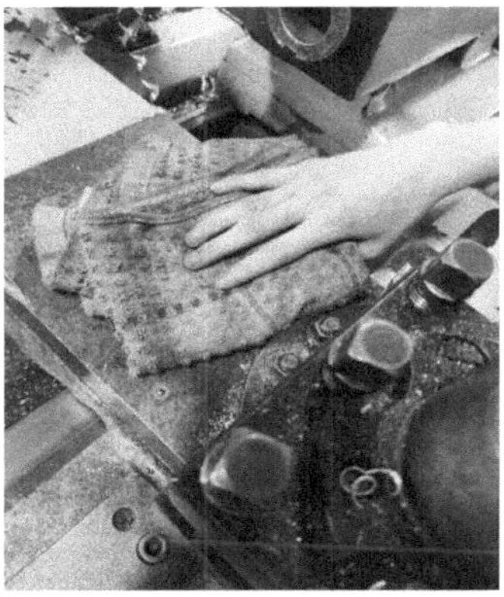 | 擦拭车床刀架、床鞍、中滑板和小滑板上的切屑和污渍 |

续表 1-17

| 图 示 | 步 骤 |
| --- | --- |
|  | |
|  | |
|  | |

续表 1-17

| 图　示 | 步　骤 |
| --- | --- |
|  | |
| 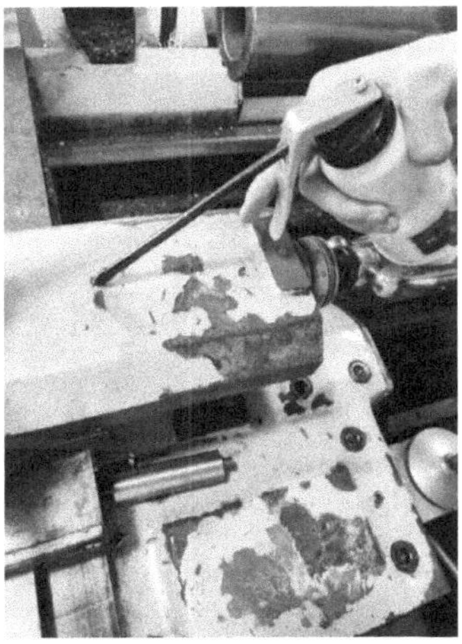 | |
|  | |

续表 1-17

| 图　示 | 步　骤 |
| --- | --- |
| 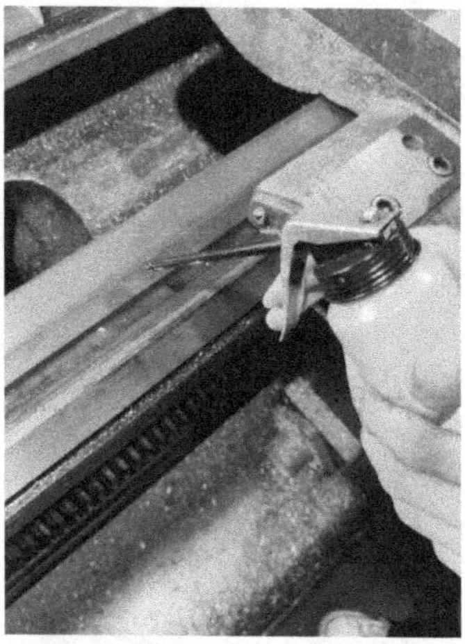 | |
|  | |

保养心得：

# 活动五　工作总结与评价

## 学习目标

1. 结合自身情况，如实撰写工作总结和实训心得。
2. 分析总结小组完成任务的情况，能展示本任务的工作成果。
3. 发现实际操作中的问题，并能提出改进措施。

## 教学时间

2 课时

## 学习准备

工作页、展示白板

## 学习内容

### 一、个人自我评价

学生在分组小组内对本任务完成情况进行评价总结，提出在任务中遇到的困难，并给出设想的解决方法，完成自我评价的撰写。

### 二、小组评价

学生在分组小组内对本任务完成情况进行评价总结，小组内部进行评价，由小组选出优秀组员代表向全班作小组总结。

### 三、教师评价

教师对各小组任务完成情况分别作评价。

1. 找出各小组的优点进行表扬。
2. 对任务完成过程中各组提出的问题进行点评，提出改进方法。
3. 对整个任务过程中出现的亮点和不足进行点评。

具体评价体系见表 1-18。

**表 1-18 任务评价体系**

班级：______________ 学生姓名：______________ 学号：______________

| 项目 | 自我评价 | | | 小组评价 | | | 教师评价 | | |
|---|---|---|---|---|---|---|---|---|---|
| | 10~9 | 8~6 | 5~1 | 10~9 | 8~6 | 5~1 | 10~9 | 8~6 | 5~1 |
| | 占总评 10% | | | 占总评 20% | | | 占总评 70% | | |
| 学习活动 1 | | | | | | | | | |
| 学习活动 2 | | | | | | | | | |
| 学习活动 3 | | | | | | | | | |
| 计划实施 | | | | | | | | | |
| 安全文明 | | | | | | | | | |
| 操作规范性 | | | | | | | | | |
| 协作精神 | | | | | | | | | |
| 纪律观念 | | | | | | | | | |
| 工作态度 | | | | | | | | | |
| 学习主动性 | | | | | | | | | |
| 工作页质量 | | | | | | | | | |
| 小计 | | | | | | | | | |
| 总评 | | | | | | | | | |

指导教师： 年 月 日

# 学习任务二　手电筒轴类零件的加工

## ·学习目标

1. 正确阅读加工图纸，明确加工内容，加工数量等，并能识别出加工的零件的用途、功能和分类。

2. 查阅相关资料，明确加工技术要求，确定加工工艺，并能正确填写加工工艺过程卡片。

3. 识别常用的刀具材料，根据零件的材料和形状特征，通过查阅资料合理选择刀具。

4. 根据加工零件材料、刀具材料和加工性质等因素，查阅切削手册，确定切削用量三要素，并能运用切削速度计算公式，计算相应的转速。

5. 根据实训场地条件，查阅相关资料，确定符合加工技术要求的工、量、夹具，辅助用品和切削液。

6. 应用刀具角度知识，说明车刀角度参数含义、表示方法及对切削性能的影响；在刀具几何角度示意图中用规范的标识符号，标注出相应角度，并在实物中辨别其正确位置。

7. 按照图纸要求，选择合适的毛坯材料，并能判断毛坯材料是否有足够的加工余量。

8. 正确装夹工件和刀具，并掌握车削轴类零件的4种常用的装夹方式。

9. 按照车间规定完成工量具领取单和归还单。

10. 按照已填写的加工工艺过程卡片上的加工步骤完成轴类零件的粗、精加工。

11. 正确地对已加工零件进行测量和产品质量分析。

12. 根据车间7S管理方案进行正确地摆放零件和各种工量具等。

13. 主动获取有效信息，展示成果，并能对组员和自我进行有效评价。

## ·建议学时

24课时

## ·工作情境描述

学校产学研制造部门接到一批手电筒订单，数量为50支，来料加工。现产学研生产部门安排本学习小组完成此任务中的筒身部分中轴类加工内容，具体加工尺寸图样如图2-1所示。

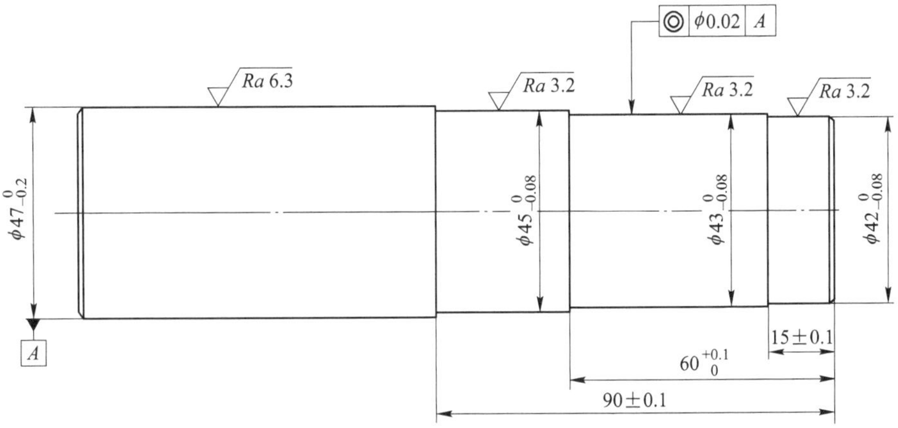


图 2-1　加工任务图纸

· **工作流程与活动**

1. 轴类零件的工艺分析（2 课时）。
2. 手动车端面、粗车外圆（6 课时）。
3. 一夹一顶粗车外圆（6 课时）。
4. 两顶尖精车外圆（6 课时）。
5. 轴类零件的测量及误差分析（2 课时）。
6. 工作总结和评价（2 课时）。

# 活动一　轴类零件的工艺分析

## 学习目标

1. 能够阅读生产任务单，明确加工数量和完成时间。
2. 能够识读任务图样，明确加工要求、技术要求、尺寸精度等。
3. 能够认识常用的车刀和量具。
4. 能够正确识读加工工艺过程卡片，并能按要求填写完成工艺过程卡片。

## 教学时间

2 课时

## 学习准备

工作页、机械手册

## 学习内容

### 一、阅读生产任务清单，明确加工任务

生产任务清单见表 2-1。

**表 2-1 生产任务清单**

<table>
<tr><td colspan="2">需方单位名称</td><td colspan="2"></td><td colspan="2">完成日期</td><td>年 月 日</td></tr>
<tr><td>序号</td><td>产品名称</td><td>材料</td><td>数量</td><td colspan="3">技术标准、质量要求</td></tr>
<tr><td>1</td><td>手电筒轴类加工</td><td>45 号钢</td><td>50</td><td colspan="3">按图样要求</td></tr>
<tr><td>2</td><td></td><td></td><td></td><td colspan="3"></td></tr>
<tr><td>3</td><td></td><td></td><td></td><td colspan="3"></td></tr>
<tr><td colspan="2">生产批准时间</td><td>年 月 日</td><td>批准人</td><td></td><td></td><td></td></tr>
<tr><td colspan="2">通知任务时间</td><td>年 月 日</td><td>发单人</td><td></td><td></td><td></td></tr>
<tr><td colspan="2">接单时间</td><td>年 月 日</td><td>接单人</td><td></td><td>生产班组</td><td>车工实训班组</td></tr>
</table>

1. 请根据生产任务清单（表 2-1），明确完成的数量和时间，并正确填写在下面。

零件的完成数量：________件。

零件的完成日期：____年____月____日。

2. 各个小组根据小组的实际情况接受加工订单数量，将完成数量填在表 2-2 中，完成表格填写。

**表 2-2 小组产品接单数量**

<table>
<tr><td colspan="2">任务单位</td><td colspan="2">车工实训班组</td><td colspan="2">完成日期</td><td>年 月 日</td></tr>
<tr><td>序号</td><td>产品名称</td><td>材料</td><td>数量</td><td colspan="3">技术标准、质量要求</td></tr>
<tr><td>1</td><td>手电筒轴类加工</td><td>45 号钢</td><td></td><td colspan="3">按图样要求</td></tr>
<tr><td>2</td><td></td><td></td><td></td><td colspan="3"></td></tr>
<tr><td>3</td><td></td><td></td><td></td><td colspan="3"></td></tr>
<tr><td colspan="2">接单时间</td><td>年 月 日</td><td>接单人</td><td></td><td>生产小组</td><td></td></tr>
</table>

### 二、识读零件图

1. 识读零件图 2-2，详细说明该零件所需的加工内容有哪些。

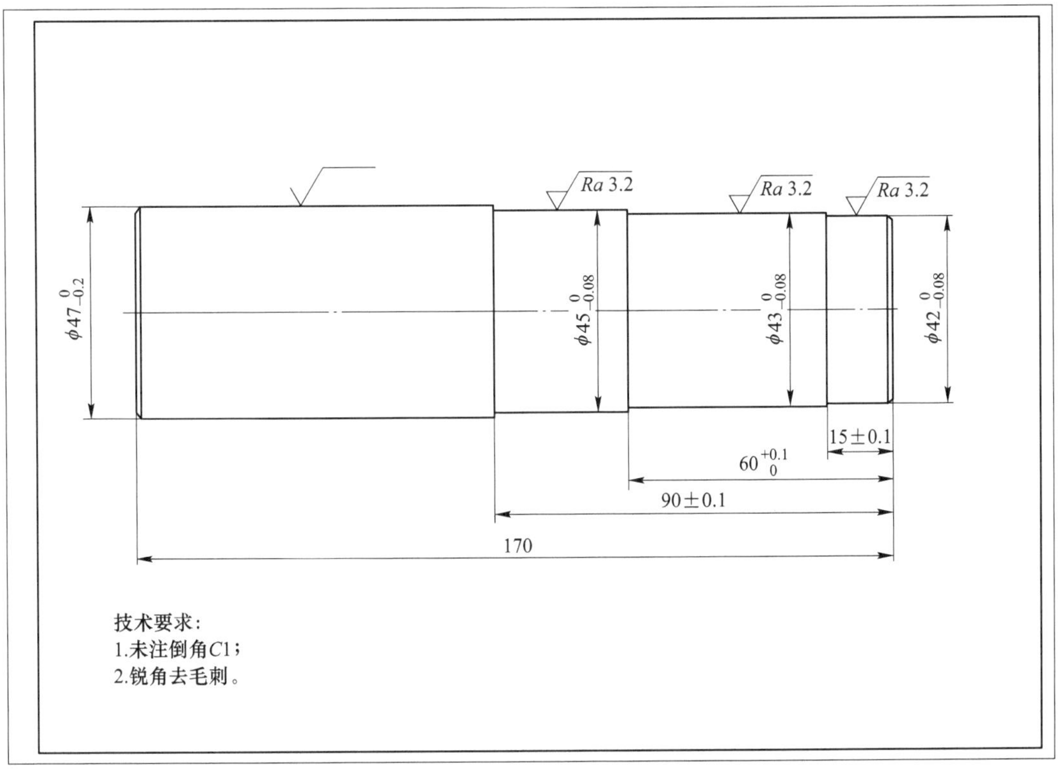


图 2-2　手电筒筒身零件图

2. 该零件的尺寸精度要求有哪些？完成表 2-3 的填写。

**表 2-3　轴类零件尺寸精度分析**

| 尺寸/mm | 加工内容 | 基本尺寸/mm | 公差/mm | 表面粗糙度/μm |
|---|---|---|---|---|
| $\phi 42_{-0.08}^{0}$ | 外圆 | 42 | 0.08 | *Ra*3.2 |
| | | | | |
| | | | | |
| | | | | |
| | | | | |
| | | | | |
| | | | | |

3. 该零件的技术要求有哪些？

## 三、常用的刀具和工具

车削时，需根据不同的车削要求选用不同的车刀。常用的车刀种类和用途见表 2-4，查阅表格后，写出本任务加工时所需的车刀有哪些？观察车间里的车刀，并将拍下的照片填至表格中正确的位置。

**表 2-4 常用车刀的种类和用途**

| 车刀种类 | 车刀外形图 | 用　途 | 车削示意图 | 实际照片 |
| --- | --- | --- | --- | --- |
| 90°车刀<br>（偏刀） | 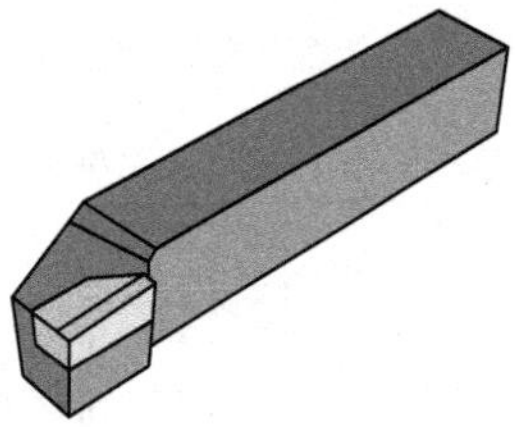 | 车削工件的外圆、台阶和端面 | 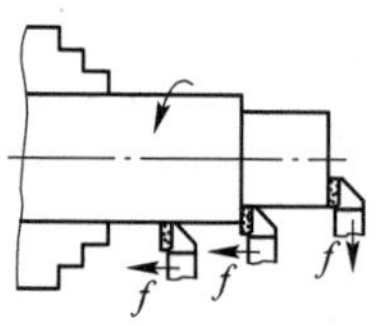 | |
| 75°车刀 | 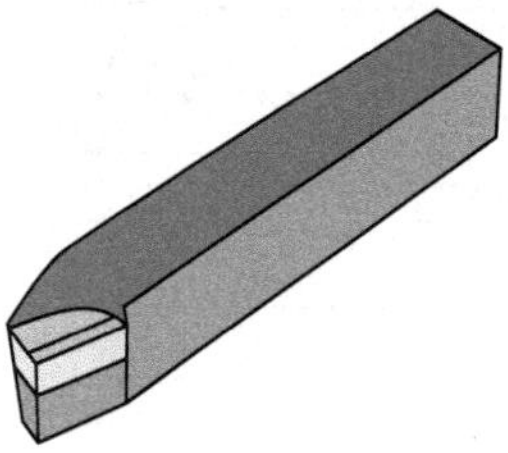 | 车削工件的外圆和端面 | 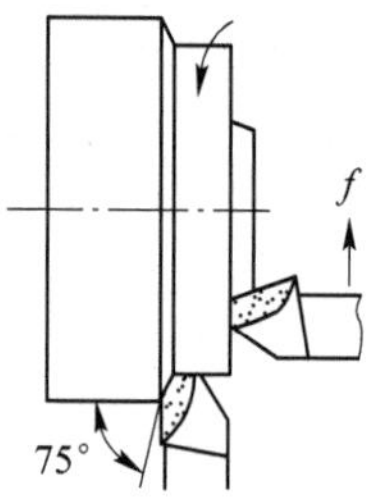 | |
| 45°车刀<br>（弯头车刀） | 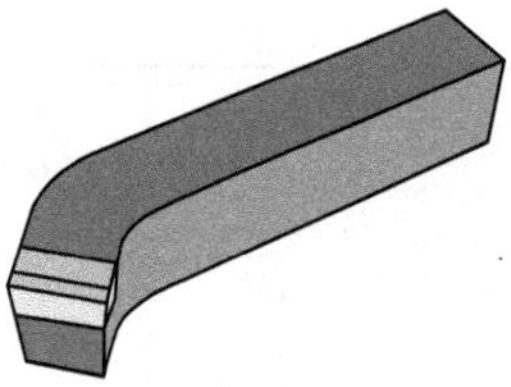 | 车削工件的外圆、端面和 45°倒角 | 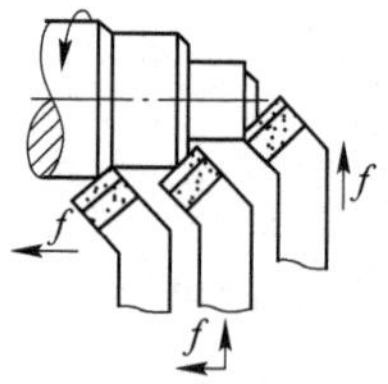 | |
| 切断刀<br>（车槽刀） | 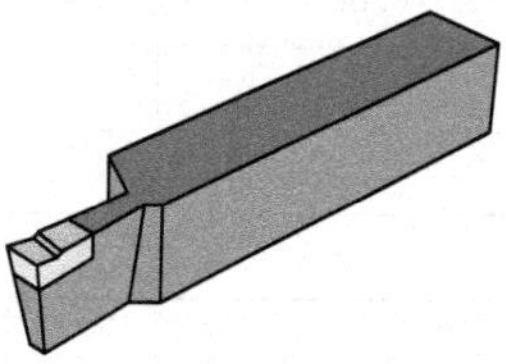 | 切断工件或车槽加工 | 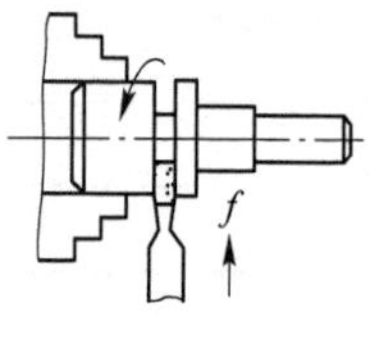 | |
| 内孔车刀 | 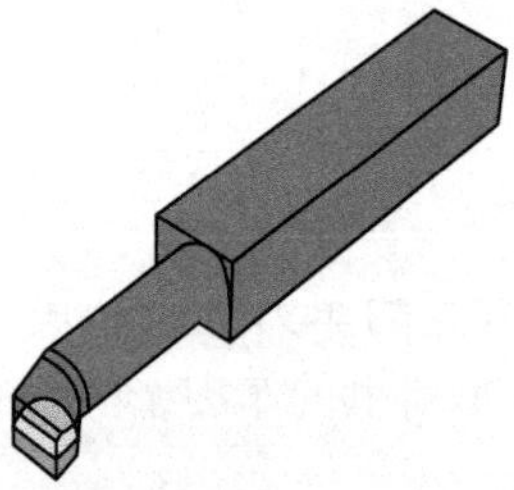 | 车削工件的内孔 | 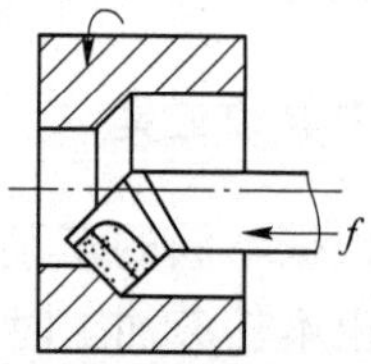 | |

续表 2-4

| 车刀种类 | 车刀外形图 | 用　　途 | 车削示意图 | 实际照片 |
|---|---|---|---|---|
| 圆头车刀 | 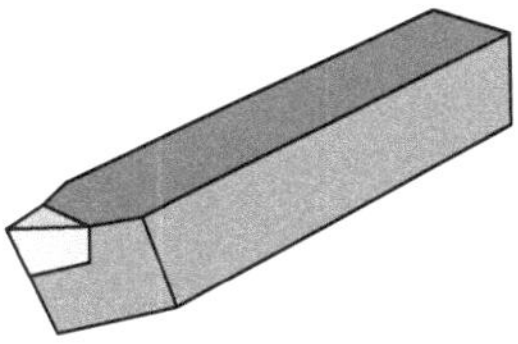 | 车削工件的圆弧面或成型面 | 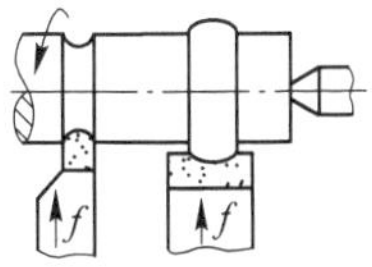 | |
| 螺纹车刀 | 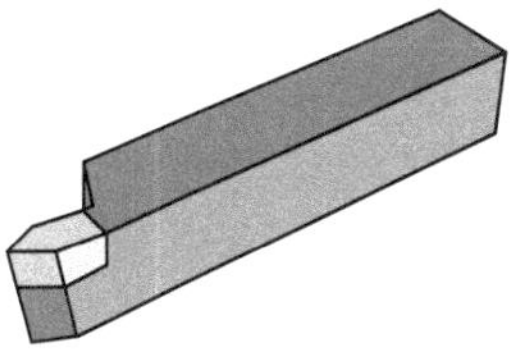 | 车削螺纹 | 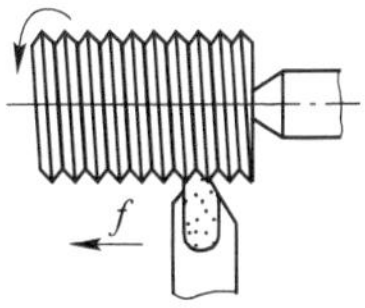 | |

车削时，经常会使用到各种工具，下列表格中的工具有什么作用呢？请查阅资料，完成表格 2-5。

**表 2-5　各种工具用途**

| 名　　称 | 图　　示 | 作　　用 |
|---|---|---|
| 扳手 |  | |
| 莫氏锥柄钻夹头 | 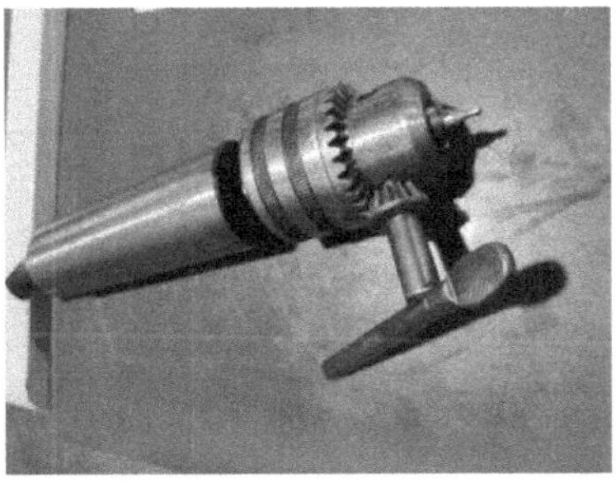 | |

续表 2-5

| 名　称 | 图　示 | 作　用 |
| --- | --- | --- |
| 手锤 |  | |
| 垫片 |  | |
| 铁屑钩 |  | |
| 千分尺 | 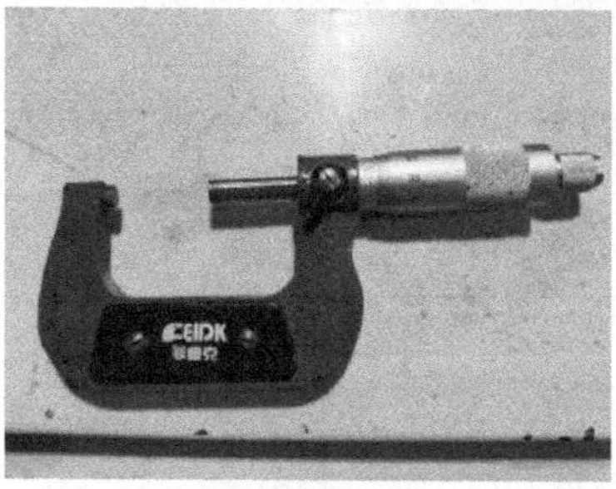 | |

## 四、识读加工工艺卡片

各小组识读表 2-6，并完成以下几个问题。

1. 从工艺卡片上可以看出，本次任务加工从下料到完成共有 7 道工序，查阅资料回答，什么叫工艺？什么叫工序？

2. 结合工艺卡片和前面所学知识，分析哪些工序需要在车床上完成。

**表 2-6　手电筒轴类零件加工工艺卡片**

<table>
<tr><td colspan="3" rowspan="2">机械加工工艺过程卡片</td><td>产品型号</td><td></td><td>零（部）件图号</td><td>2-1</td><td colspan="2">共 1 页</td></tr>
<tr><td>产品名称</td><td>手电筒轴类加工</td><td>零部件名称</td><td>外形加工</td><td colspan="2">第 1 页</td></tr>
<tr><td>材料牌号</td><td>45 号钢</td><td>毛坯种类 / 锻件</td><td>毛坯外形尺寸</td><td>$\phi$50 mm×173 mm</td><td>每坯件数 / 1</td><td>每台件数 / 1</td><td colspan="2">备注</td></tr>
<tr><td rowspan="2">工序号</td><td rowspan="2">工序名</td><td rowspan="2">工序内容</td><td rowspan="2">车间</td><td rowspan="2">设备</td><td rowspan="2" colspan="2">工艺装备</td><td colspan="2">工时</td></tr>
<tr><td>终结</td><td>单件</td></tr>
<tr><td>1</td><td>下料</td><td>下料 $\phi$50 mm×173 mm 棒料</td><td>下料间</td><td>锯床</td><td colspan="2">平口钳、钢尺、锯条</td><td></td><td>20 min</td></tr>
<tr><td>2</td><td>车端面</td><td>车端面，钻中心孔</td><td>C2 车间</td><td>CA6140</td><td colspan="2">三爪、千分尺、45°车刀等</td><td></td><td></td></tr>
<tr><td>3</td><td>车外圆</td><td>一夹一顶粗、精车各级外圆</td><td>C2 车间</td><td>CA6140</td><td colspan="2">三爪、千分尺、90°车刀等</td><td></td><td></td></tr>
<tr><td>4</td><td>装夹</td><td>工件掉头装夹</td><td>C2 车间</td><td>CA6140</td><td colspan="2">三爪</td><td></td><td></td></tr>
<tr><td>5</td><td>车端面</td><td>保证总长</td><td>C2 车间</td><td>CA6140</td><td colspan="2">三爪、千分尺、45°车刀等</td><td></td><td></td></tr>
<tr><td>6</td><td>车外圆</td><td>两顶尖精车各级外圆</td><td>C2 车间</td><td>CA6140</td><td colspan="2">三爪、千分尺、90°车刀等</td><td></td><td></td></tr>
<tr><td>7</td><td>检验</td><td>检验各尺寸和表面粗糙度</td><td>理实一体化教室</td><td></td><td colspan="2"></td><td></td><td></td></tr>
<tr><td colspan="3"></td><td>编制</td><td>编制日期</td><td>核对日期</td><td>会签日期</td><td colspan="2">图号</td></tr>
<tr><td colspan="3"></td><td></td><td></td><td></td><td></td><td colspan="2"></td></tr>
<tr><td>标记</td><td>处数</td><td>更改文件签字</td><td></td><td></td><td></td><td></td><td colspan="2"></td></tr>
</table>

# 活动二 手动车端面、粗车外圆

## 学习目标

1. 应用刀具角度知识，说明车刀角度参数含义、表示方法及对切削性能的影响；在刀具几何角度示意图中用规范的标识符号，标注出相应角度，并在实物中辨别其正确位置。

2. 了解常用的车刀材料、标识和其应用场合，并能合理选择车刀刀头材料。

3. 根据加工零件材料、刀具材料和加工性质等因素，查阅切削手册，确定切削用量三要素，并能运用切削速度计算公式，计算相应的转速。

4. 掌握按图样要求手动车端面和粗车外圆的操作方法。

5. 正确使用游标卡尺进行测量。

6. 正确填写工量刀具领用单。

## 教学时间

6 课时

## 学习准备

工作页、机械手册、微课视频

## 学习内容

### 一、图纸分析

本次任务的图纸如图 2-3 所示。

1. 本次任务是加工手电筒轴类外形前的适应任务，工件毛坯为 $\phi$50 mm×173 mm，试写出本次任务加工内容有哪些？

2. 本次加工中有哪些尺寸精度和表面粗糙度要求？

3. 加工中需要用到哪些工具、量具、刀具？查阅资料，观察所用的车刀的结构是怎么样的？

4. 查阅资料，试着完成图 2-4 中车刀的角度标识。

## 相关理论

### 车刀的基本知识

1. 车刀切削部分的几何要素如下：

(1) 车刀由刀头（或刀片）和刀柄两部分组成。刀头负责切削工作，又称为切削部分；刀柄用于将车刀装夹在刀架上，传递扭矩的作用。

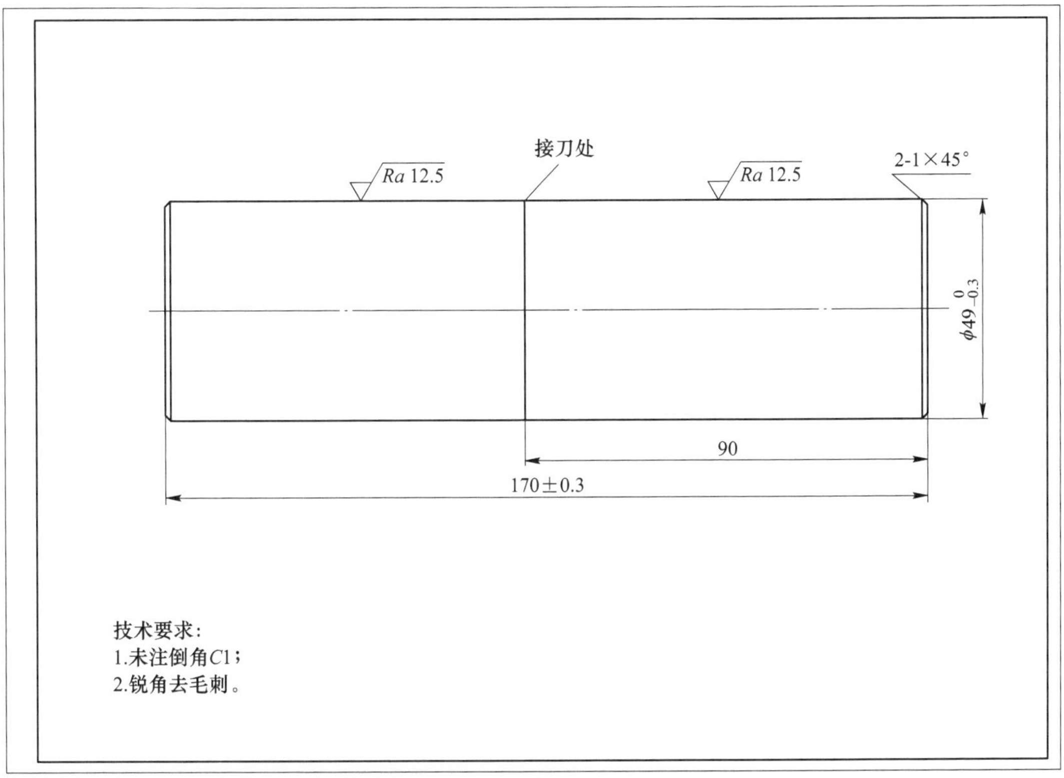


图 2-3　轴类零件练习 1 图

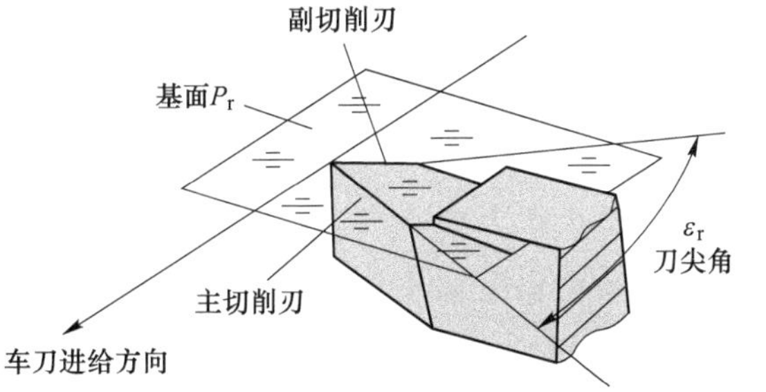


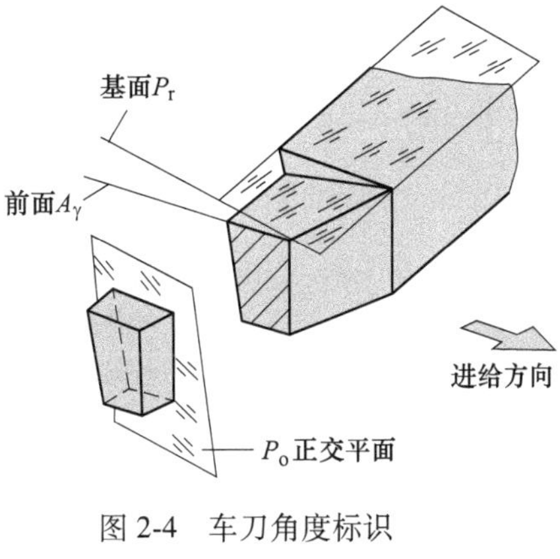


图 2-4　车刀角度标识

（2）常见车刀的结构如图 2-5 所示，可以看出，刀头由若干刀面和切削刃组成。一般的车刀基本上由“一尖（刀尖）两刃（主切削刃、副切削刃）三面（前面、主后面、副后面）”组成。

1）前面 $A_\gamma$。刀具上切屑流过的表面称为前面，又称为前刀面。

2）后面 $A_\alpha$。后面分为主后面和副后面。与工件上过渡表面相对的刀面称为主后面 $A_\alpha$；与工件上已加工表面相对的刀面称为副后面 $A'_\alpha$。后面又称后刀面，一般指的是主后面。

3）主切削刃 $S$。前面与主后面的交线，切削时起主要切削作用。

4）副切削刃 $S'$。前面与副后面的交线，切削时起辅助切削作用。

5）刀尖。指主切削刃与副切削刃的连接处相当少的一部分切削刃。

6）修光刃。副切削刃近刀尖处一小段平直的切削刃称为修光刃。切削时，起修光已加工表面的作用。

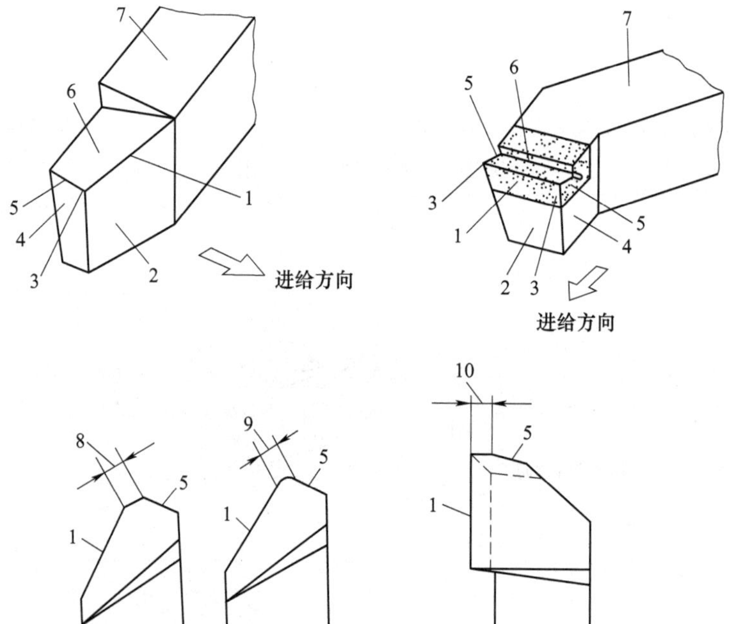


图 2-5 常用车刀的结构

1—主切削刃；2—主后面；3—刀尖；4—副后面；5—副切削刃；6—前面；7—刀柄；8—倒角刀尖；9—修圆刀尖；10—修光刃

2. 为了测量车刀的角度，需要假想 3 个基准坐标平面，如图 2-5 所示。

（1）基面 $P_r$ 指通过切削刃上某选定点，垂直于该点主运动方向的平面。对于车削，一般可认为基面为水平面。

（2）切削平面 $P_s$ 指通过切削刃上某选定点，与切削刃相切并垂直于基面的平面。对于车削，一般可认为切削平面为铅垂面。

（3）正交平面 $P_o$ 指通过切削刃上的某选定点，并同时垂直于基面和切削平面的平面。如图 2-6 和图 2-7 所示，对于车削，一般可认为正交平面为铅垂面。

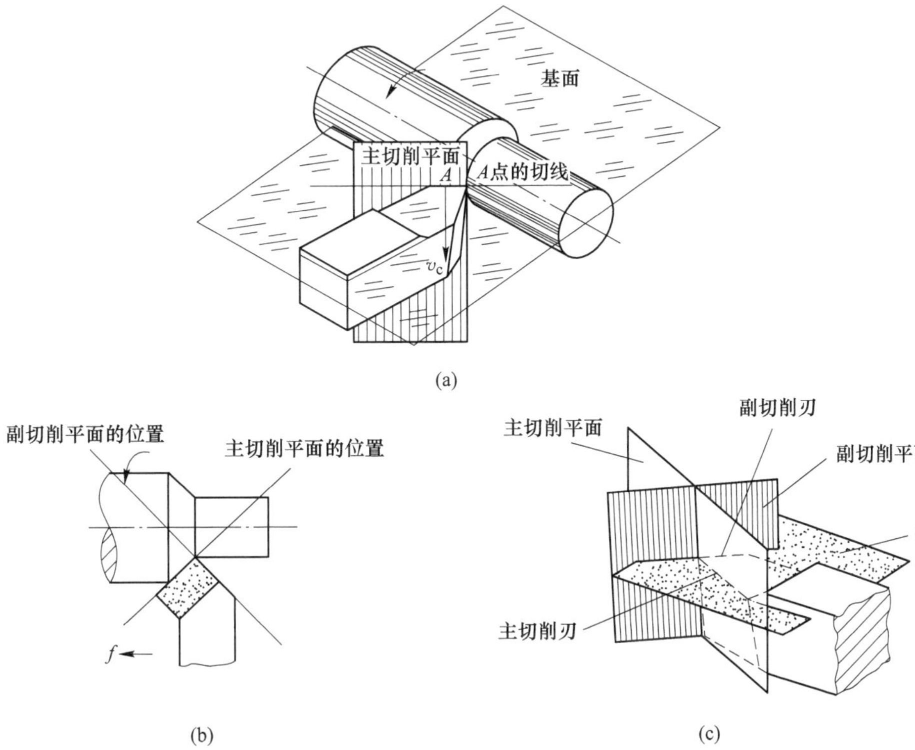


图 2-6　基面和切削平面

（a）基面和主切削平面；（b）主、副切削平面；（c）基面和主、副切削平面

3. 车刀切削部分的几何参数如下：

（1）车刀切削部分有 6 个独立的基本角度，即主偏角 $\kappa_r$、副偏角 $\kappa_r'$、前角 $\gamma_o$、主后角 $\alpha_o$、副后角 $\alpha_o'$ 和刃倾角 $\lambda_s$；还有 2 个派生角度，即刀尖角 $\varepsilon_r$ 和楔角 $\beta_o$。硬质合金外圆车刀切削部分几何角度的标注和外形图如图 2-8 所示。

车刀切削部分的几何角度及其主要作用和初步选择见表 2-7。

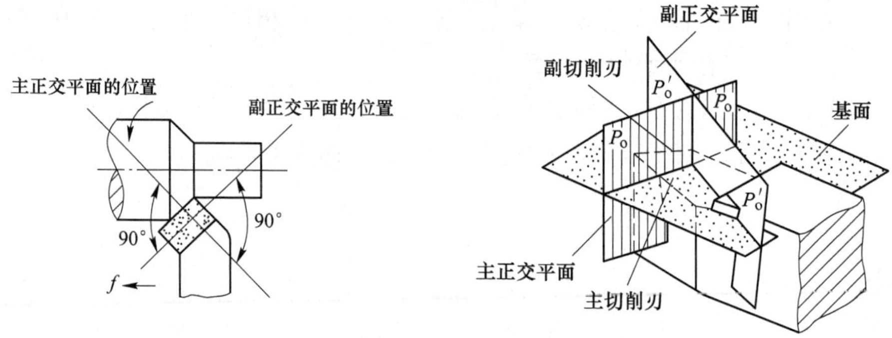


(a) (b)

图 2-7 正交平面

（a）主、副正交平面；（b）基面和主、副正交平面

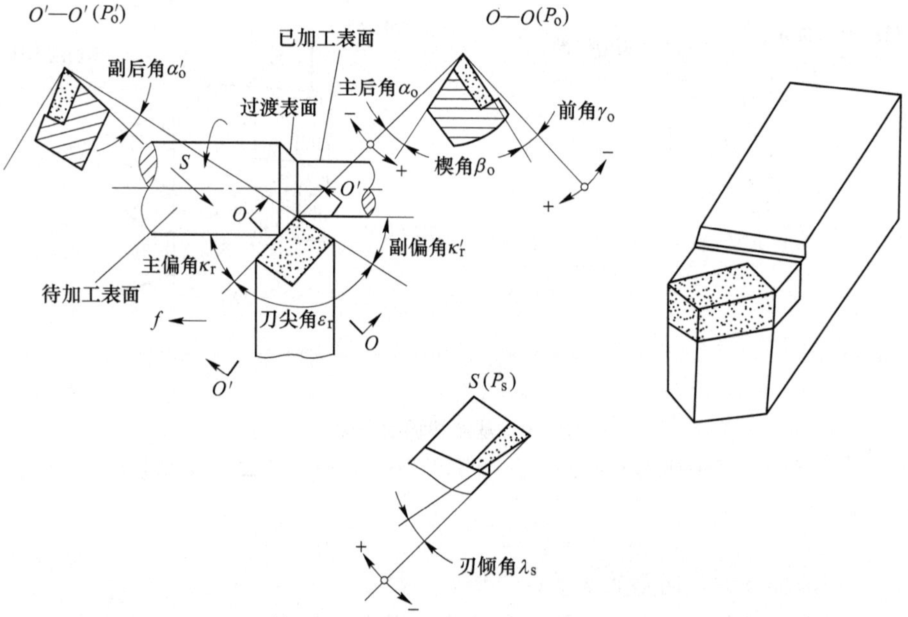


(a) (b)

图 2-8 刀切削部分几何角度的标注和外形图

（a）车刀切削部分几何角度的标注；（b）车刀外形图

**表 2-7　车刀切削部分的几何角度及其主要作用和初步选择一览表**

| 所在基准平面 | 图　示 | 角度 | 定　义 | 主要作用 | 初步选择 |
|---|---|---|---|---|---|
| 基面 $P_r$ | 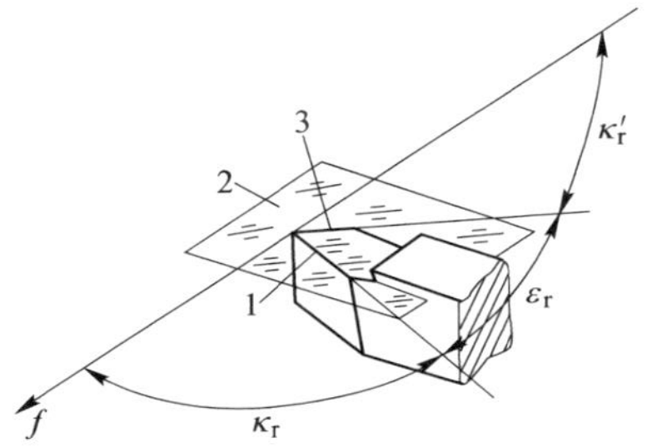<br>1—主切削刃在基面上的投影；<br>2—基面；<br>3—副切削刃在基面上的投影；<br>$f$—进给运动方向 | 主偏角 $\kappa_r$ | 主切削刃在基面上的投影与进给方向的夹角。常用车刀的主偏角有 45°、75°和 90°等几种 | 改变主切削刃的受力及导热能力，影响切屑的厚度 | ①选择主偏角应首先考虑工件的形状。如加工工件的台阶，必须选取 $\kappa_r \geqslant 90°$；加工中间切入工件表面时，一般选用 $\kappa_r$ 为 45°~60°<br>②工件的刚度高或工件的材料较硬，应选小的主偏角，反之，应选大的主偏角 |
| | | 副偏角 $\kappa_r'$ | 副切削刃在基面上的投影与背离进给方向的夹角 | 减少副偏刃与工件已加工表面间的摩擦。减少副偏角，可以减小工件的表面粗糙度；但是副偏角不能太小，否则会使背向力增大 | ①副偏角一般采用 $\kappa_r'$ 为 6°~8°<br>②精车时，如果在副切削刃上刃磨修光刃，则取 $\kappa_r'$ 为 0°<br>③加工中间切入工件表面时，一般选用 $\kappa_r'$ 为 45°~60° |
| | | 刀尖角 $\varepsilon_r$ | 主、副切削刃在基面上的投影夹角 | 影响刀尖强度和散热性能 | $\varepsilon_r = 180° - (\kappa_r + \kappa_r')$ |
| 正交平面 $P_o$ | 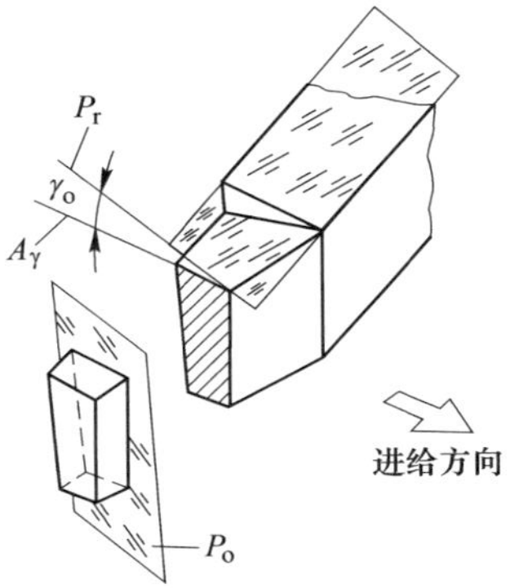 | 前角 $\gamma_o$ | 前面和基面的夹角 | 影响刃口的锋利程度和强度，影响切削变形和切削力 | 前角的数值与工件材料、加工性质和刀具材料有关：<br>①车削塑性材料时（如钢料）或加工材料较软时，可选用较大的前角；车削脆性材料（如灰铸铁）或加工材料较硬时，可选择较小的前角；<br>②粗加工时，尤其是车削有硬皮的铸锻件时，应选取较小的前角；精加工时，选用较大的前角；<br>③车刀材料的强度和韧性较差时（如硬质合金车刀），应取较小值；反之（如高速钢车刀），可取较大值；<br>车刀前角一般选择 $\gamma_o$ 为-5°~25° |

续表 2-7

| 所在基准平面 | 图示 | 角度 | 定义 | 主要作用 | 初步选择 |
| --- | --- | --- | --- | --- | --- |
| 正交平面 $P_o$ | 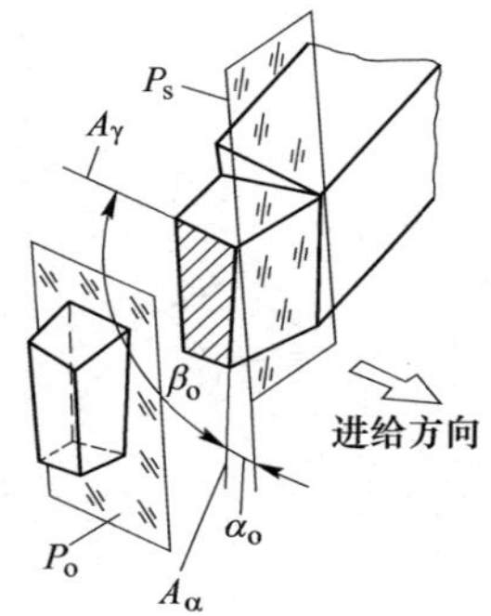 | 主后角 $\alpha_o$ | 主后面和主切削平面间的夹角 | 减少车刀主后面和工件过渡表面间的摩擦 | ①粗加工时，应取较小的主后角；精加工时，应取较大主后角；<br>②工件材料较硬时，后角宜取较小值；工件材料较软时，后角宜取较大值；<br>车刀后角一般选择 $\alpha_o$ 为 4°～12° |
| | | 楔角 $\beta_o$ | 前面和主后面间的夹角 | 影响刀头截面的大小，从而影响刀头的强度 | $\beta_o=90°-(\alpha_o+\gamma_o)$ |
| 副正交平面 $P'_o$ | 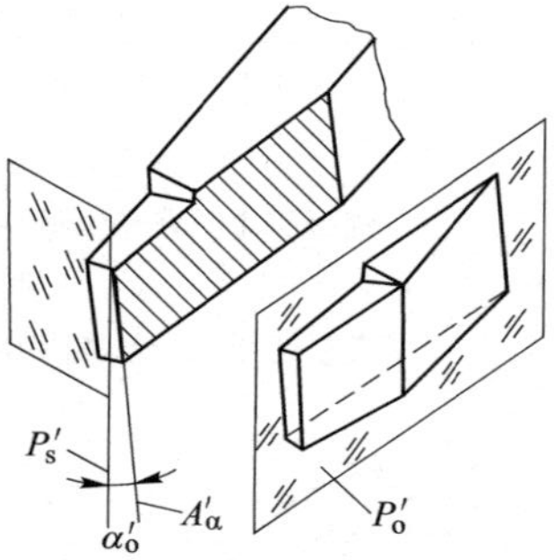 | 副后角 $\alpha'_o$ | 副后面和副切削平面间的夹角 | 减少车刀副后面和工件已加工表面间的摩擦 | ①副后角 $\alpha'_o$ 一般磨成与主后角 $\alpha_o$ 大小相等；<br>②在切断刀等特殊情况下，为了保证刀具的强度，副后角应取较小值，$\alpha'_o$ 为 1°～2° |
| 主切削平面 $P_s$ | 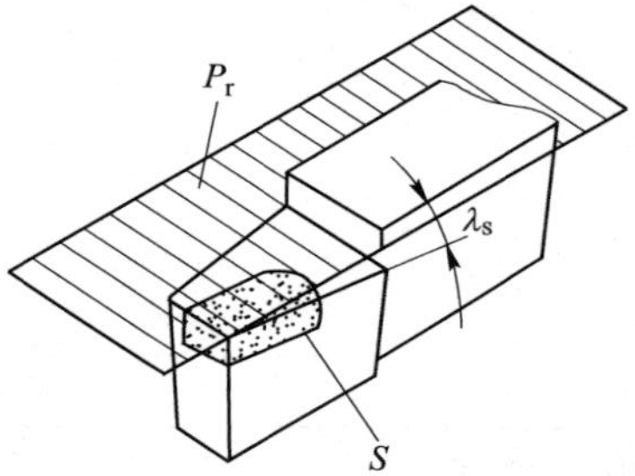 | 刃倾角 $\lambda_s$ | 主切削刃与基面的夹角 | 控制排屑方向。当刃倾角为负值时，可增加刀头强度，并在车刀受冲击时保护刀尖 | 见表 2-9 中的适用场合 |

（2）车刀部分角度正、负值的规定，详情见表 2-8 和 2-9。

**表 2-8　车刀前角和后角正、负值的规定**

| 角度值 | | 正值 | 零 | 负值 |
|---|---|---|---|---|
| 前角 $\gamma_o$ | 图示 | 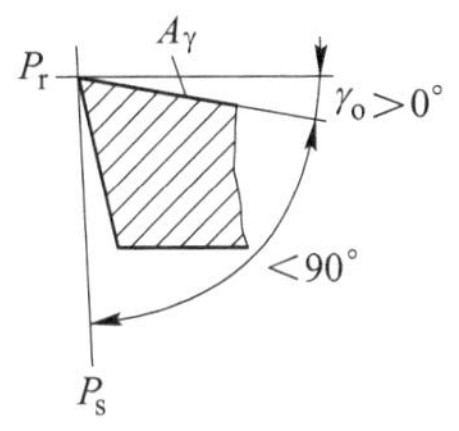  $\gamma_o>0°$ | 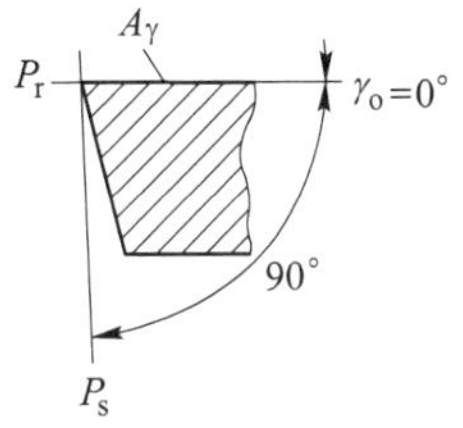  $\gamma_o=0°$ | 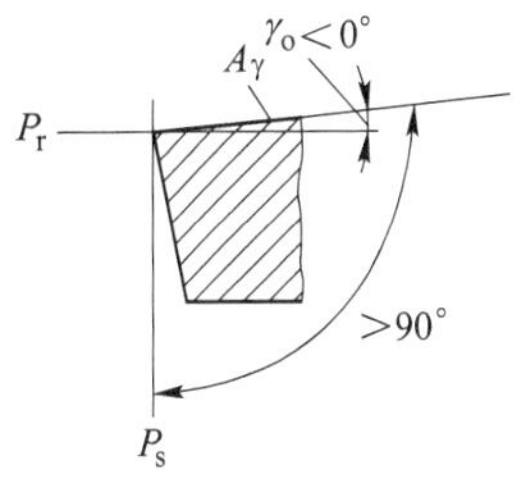  $\gamma_o<0°$ |
| | 正负值规定 | 前面 $A_\gamma$ 与切削平面 $P_s$ 间的夹角小于 90°时 | 前面 $A_\gamma$ 与切削平面 $P_s$ 间的夹角等于 90°时 | 前面 $A_\gamma$ 与切削平面 $P_s$ 间的夹角大于 90°时 |
| 主后角 $\alpha_o$ | 图示 | 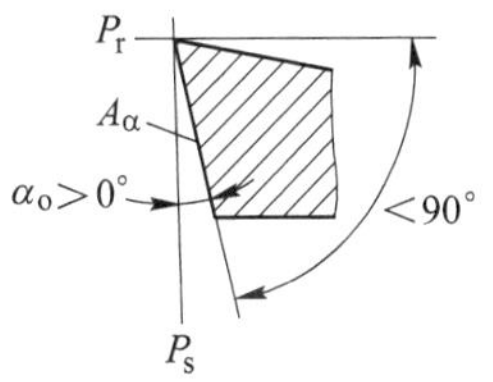  $\alpha_o>0°$ | 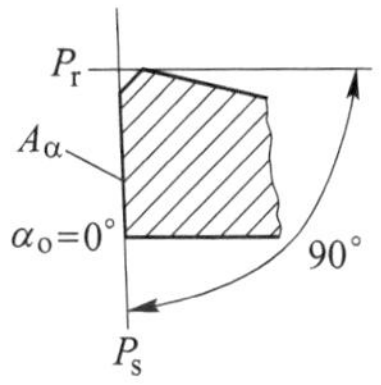  $\alpha_o=0°$ | 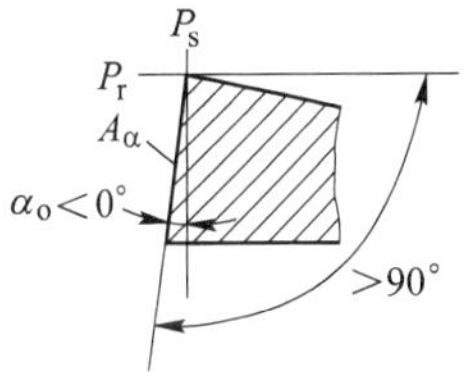  $\alpha_o<0°$ |
| | 正负值规定 | 后面 $A_\alpha$ 与基面 $P_r$ 间的夹角小于 90°时 | 后面 $A_\alpha$ 与基面 $P_r$ 间的夹角等于 90°时 | 后面 $A_\alpha$ 与基面 $P_r$ 间的夹角大于 90°时 |

**表 2-9　刃倾角正、负值规定及使用情况**

| 角度值 | 正值 | 零 | 负值 |
|---|---|---|---|
| 正负值的规定 | 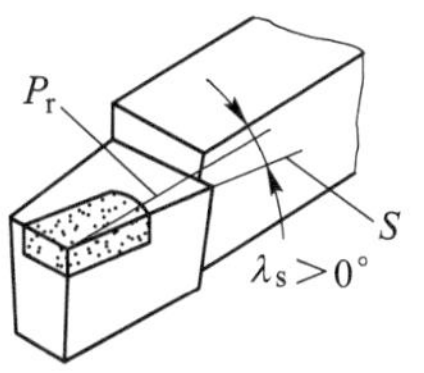  | 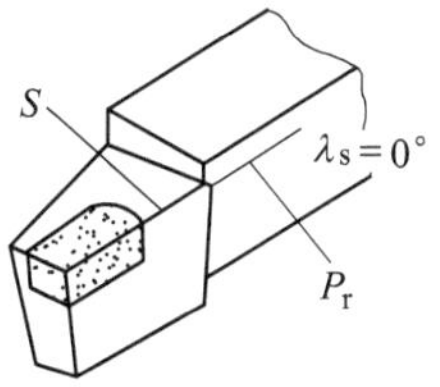  | 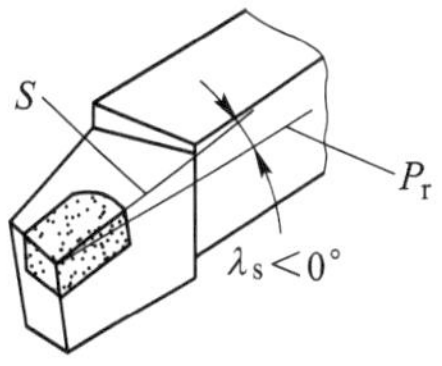  |
| | $\lambda_s>0°$<br>刀尖位于主切削刃 $S$ 的最高点 | $\lambda_s=0°$<br>主切削刃 $S$ 和基面 $P_r$ 平行 | $\lambda_s<0°$<br>刀尖位于主切削刃 $S$ 的最低点 |

续表 2-9

| 角度值 | 正值 | 零 | 负值 |
|---|---|---|---|
| 排出切屑的情况 | 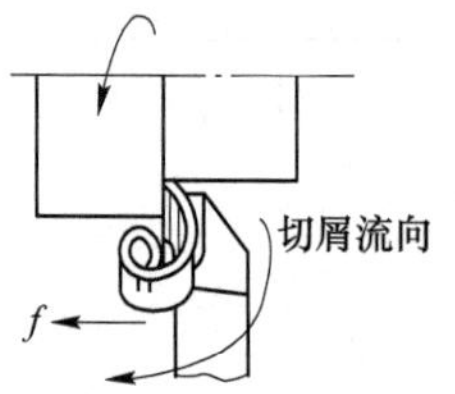 | 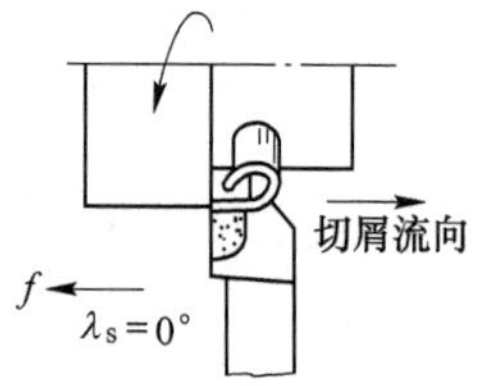 | 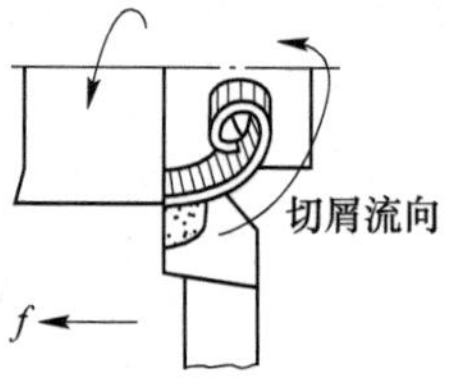 |
| | 车削时，切屑排向工件的待加工表面方向，切屑不易擦毛已加工表面，车出工件的表面粗糙度小 | 车削时，切屑基本上沿垂直于主切削刃方向排出 | 车削时，切屑排向工件的已加工表面方向，容易划伤已加工表面 |
| 刀尖强度和冲击点先接触车刀的位置 | 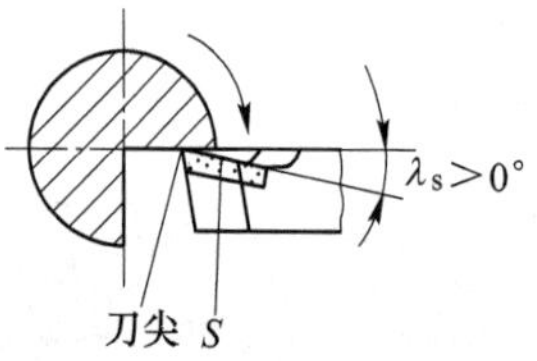 | 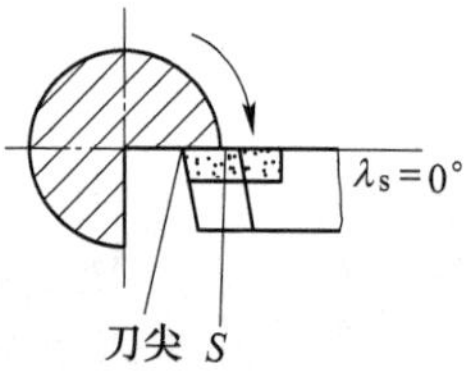 | 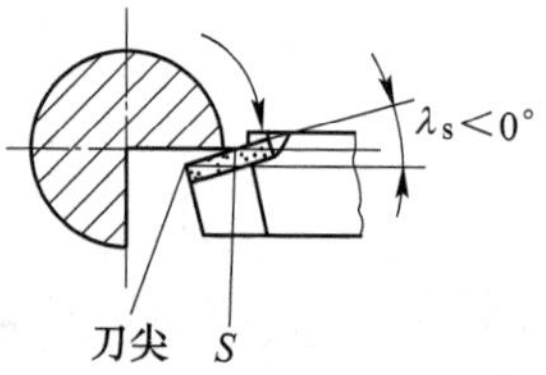 |
| | 刀尖强度较差，尤其是在车削不圆整的工件受冲击时，冲击点先接触刀尖，刀尖易损坏 | 刀尖强度一般，冲击点同时接触刀尖和切削刃 | 刀尖强度高，在车削有冲击的工件时，冲击点先接触远离刀尖的切削刃处，从而保护了刀尖 |
| 适用场合 | 精车时，应取正值<br>$\lambda_s$ 为 0°~8° | 工件圆整，余量均匀的一般车削时，应取 $\lambda_s$ 为 0° | 断续车削时，为了增加刀头强度，取负值<br>$\lambda_s$ 为−15°~−5° |

## 常用的车刀材料

1. 高速钢。高速钢是含钨（W）、钼（Mo）、铬（Cr）、钒（V）等合金元素较多的合金工具钢。高速钢刀具制造简单，刃磨方便，容易通过刃磨得到锋利的刃口；而且韧性较好，常用于承受冲击力较大的场合。特别适合用于制造各种结构复杂的成形刀具和孔加工刀具，如成形车刀，螺纹刀具、钻头和铰刀等。但是高速钢的耐热性差，因此不能用于高速车削。高速钢的类别、常用牌号和应用见表 2-10。

**表 2-10　常用的高速钢材料**

| 类别 | 常用牌号 | 性　　质 | 应　　用 |
|---|---|---|---|
| 钨系 | W18Cr4V（18-4-1） | 性能稳定，刃磨及热处理工艺控制较方便 | 金属钨的价格较高，国外已很少采用，但目前国内使用较多，日后将逐渐减少使用 |
| 钨钼系 | W6Mo5Cr4V2（6-5-4-2） | 最初时国外为解决缺钨而研制出以取代 W18Cr4V 的高速钢（以 1%的钼取代 2%的钨）。其高温塑性与韧性都超过 W18Cr4V，而切削性能却大致相同 | 主要用于制造热轧工具，如麻花钻等 |
| | W9Mo3Cr4V（9-3-4-1） | 根据我国资源的实际情况而研制的刀具材料，其强度和韧性均比 W6Mo5Cr4V2 好，高温塑性和切削性能良好 | 使用逐渐增多 |

2. 硬质合金。硬质合金是目前应用最广泛的一种车刀材料。硬度、耐磨性和耐热性均优于高速钢。切削钢时，切削速度大约可达 220 m/min。其缺点是韧性较差，承受不了大的冲击力。硬质合金的分类、用途、性能、代号及旧牌号对照见表 2-11。

**表 2-11　常见的硬质合金材料**

| 类别 | 成分 | 用　　途 | 被加工材料 | 常用代号 | 性能 | | 适用加工阶段 | 旧牌号 |
|---|---|---|---|---|---|---|---|---|
| | | | | | 耐磨性 | 韧性 | | |
| K 类（钨钴类） | WC+Co | 适用于加工铸铁、有色金属等脆性材料或冲击性较大的场合。但在切削难加工材料或振动较大（如断续切削塑性金属）的特殊情况下也较为合适 | 适用于加工短切屑的黑色金属、有色金属及非金属材料 | K01 | | | 精加工 | YG3 |
| | | | | K20 | ↑ | ↓ | 半精加工 | YG6 |
| | | | | K30 | | | 粗加工 | YG8 |
| P 类（钨钛钴类） | WC+TiC+Co | 适用于加工钢或其他韧性较大的塑性金属，不宜用于脆性金属加工 | 适用于加工长切屑的黑色金属 | P01 | | | 精加工 | YT30 |
| | | | | P10 | ↑ | ↓ | 半精加工 | YT15 |
| | | | | P30 | | | 粗加工 | YT5 |
| M 类［钨钛钴钽（铌）类］ | WC+TiC+TaC(NbC)+Co | 既可加工铸铁、有色金属，又可加工碳素钢、合金钢，故又称通用合金。主要用于加工高温合金、高锰钢、不锈钢及可锻铸铁、球墨铸铁、合金铸铁等难加工材料 | 适用于加工长切屑或短切屑的黑色金属和有色金属 | M10 | ↑ | ↓ | 精加工、半精加工 | YW1 |
| | | | | M20 | | | 半精加工、粗加工 | YW2 |

## 二、领取材料

1. 各小组派代表到材料库领取材料，并完成表 2-12。

**表 2-12 领料单**

填表日期：____年__月__日　　　　发料日期：____年__月__日

| 领料班组 | 车工实训班组 | | | | 产品名称及数量 | 手电筒轴类加工 | |
|---|---|---|---|---|---|---|---|
| 领料单号 | | | | | 零件名称及数量 | | |
| 材料名称 | 材料规格及型号 | 单位 | 数量 | | 单价 | 总价 |
| | | | 申请 | 实发 | | |
| 45 号钢 | | 根 | | | | |
| 材料说明用途 | 材料仓库 | 主管 | 发料数量 | 领料部门 | 主管 | 领料数量 |
| | | | | | | |

2. 如何判断毛坯尺寸是否够余量切削？查阅资料，检查毛坯尺寸有什么意义？
3. 在指导老师指导下，结合图纸分析，填写领取的工量刀具清单（见表 2-13）。

**表 2-13 工量刀具清单**

| 序号 | 名称 | 规　格 | 数量 | 领用人 |
|---|---|---|---|---|
| 1 | 90°车刀 | 硬质合金可转位车刀 | 1 | |
| 2 | | | | |
| 3 | | | | |
| | | | | |
| | | | | |
| | | | | |

## 三、工艺步骤及零件加工

本次加工任务的加工工序卡片见表 2-14，详细阅读此表，回答下列问题，并根据此表上的加工步骤，完成本次轴类零件外形粗加工练习。

**表 2-14　端面外圆加工工艺卡片**

| 机械加工工序卡片 | 产品型号 | | 零件图号 | 2-2 | | |
|---|---|---|---|---|---|---|
| | 产品名称 | 手电筒 | 零件名称 | 手电筒轴类加工 1 | 共 1 页 | 第 1 页 |

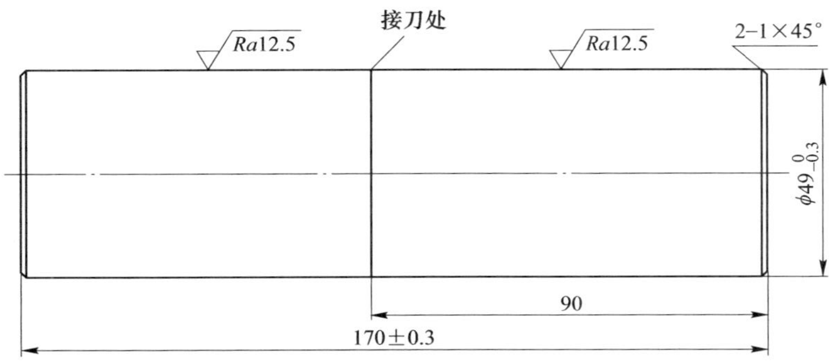


| 车间 | 工序号 | 工序名称 | 材料牌号 |
|---|---|---|---|
| C2 车间 | 01 | 粗车端面，外圆 | 45 号钢 |
| 毛坯种类 | 毛坯外形尺寸 | 每毛坯可制件数 | 每台件数 |
| 棒料 | $\phi$50 mm×173 mm | 1 | 1 |
| 设备名称 | 设备型号 | 设备编号 | 同时加工件数 |
| 车床 | CA6140 | | 1 |

| 夹具编号 | 夹具名称 | 切削液 | |
|---|---|---|---|
| | | 皂化液 | |
| 工位器具编号 | 工位器具名称 | 工序工时/min | |
| | | 准终 | 单件 |
| | | | |

| 工步号 | 工步内容 | 工艺装备 | 主轴转速 /r·min$^{-1}$ | 切削速度 /m·min$^{-1}$ | 进给量 /mm·r$^{-1}$ | 背吃刀量 /mm | 进给次数 | 工步工时 | |
|---|---|---|---|---|---|---|---|---|---|
| | | | | | | | | 机动 | 辅助 |
| 1 | 正确装夹工件，车端面 | 三爪卡盘 | 370 | 58.09 | 手动 | 0.5 | 2 | | |
| 2 | 粗车外圆 $\phi$49 mm×90 mm | 三爪卡盘 | 560 | 87.92 | 手动 | 0.5 | 1 | | |
| 3 | 掉头，车端面，保证总长 170 mm | 三爪卡盘 | 370 | 58.09 | 手动 | 0.5 | 4 | | |
| 4 | 粗车外圆 $\phi$49 mm×80 mm | 三爪卡盘 | 560 | 87.92 | 手动 | 0.5 | 1 | | |
| 5 | 检验 | | | | | | | | |

| | | | | | | | | | | 设计（日期） | 校对（日期） | 审核（日期） | 标准化（日期） | 会签（日期） |
|---|---|---|---|---|---|---|---|---|---|---|---|---|---|---|
| 标记 | 处数 | 更改文件号 | 签字 | 日期 | 标记 | 处数 | 更改文件号 | 签字 | 日期 | | | | | |

1. 查阅切削用量（切削用量三要素：背吃刀量 $a_p$、进给量 $f$、切削速度 $v_c$）的相关资料，试着计算下面各题，将计算结果与工序卡中已给出的切削用量作比较。

（1）工件上已加工表面和待加工表面间的垂直距离称为背吃刀量 $a_p$，如图 2-9 所示，是每次进给时车刀切入工件的深度，又称为切削深度。

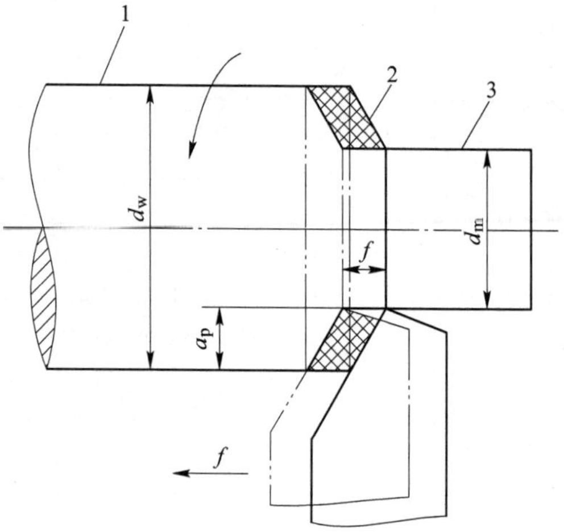


图 2-9 背吃刀量和进给量

1—待加工表面；2—过渡表面；3—已加工表面

车外圆时，背吃刀量可以用下式计算：

$$a_p = \frac{d_w - d_m}{2}$$

式中 $a_p$——背吃刀量，mm；

$d_w$——工件待加工表面直径，mm；

$d_m$——工件已加工表面直径，mm。

试着思考工序卡片中，该工件外圆总的背吃刀量是多少？端面要加工的背吃刀量是多少？

（2）工件每转一周，车刀沿进给方向移动的距离称为进给量，是衡量进给运动大小的参数，如图 2-10 所示，单位为 mm/r。

（3）车削时，刀具切削刃上的某选定点相对于待加工表面在主运动方向上的瞬时速度，称为切削速度。切削速度也可以理解为车刀在 1 min 内车削工件表面的理论展开直线长度（假定切屑没有变形或收缩），其示意图如图 2-11 所示。

切削速度是衡量主运动大小的参数，单位为 m/min。

切削速度可以用下式计算：

$$v_c = \frac{\pi dn}{1000} \approx \frac{dn}{318}$$

式中 $v_c$——切削速度，m/min；

$d$——工件（或刀具）的直径，一般取最大直径，mm；

$n$——车床主轴转速，r/min。

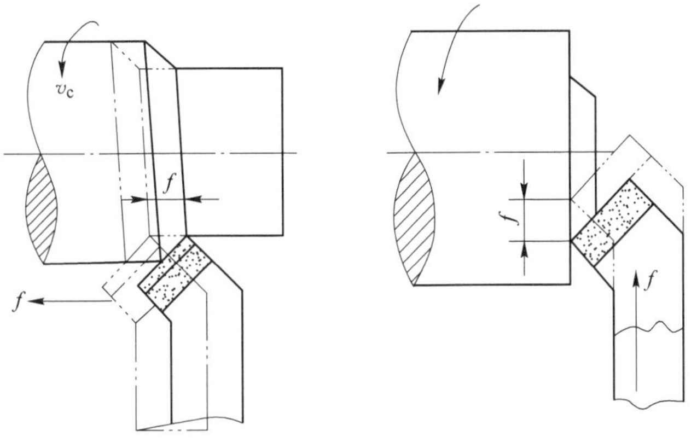


(a)　(b)

图 2-10　纵、横向进给量

（a）纵进给量；（b）横进给量

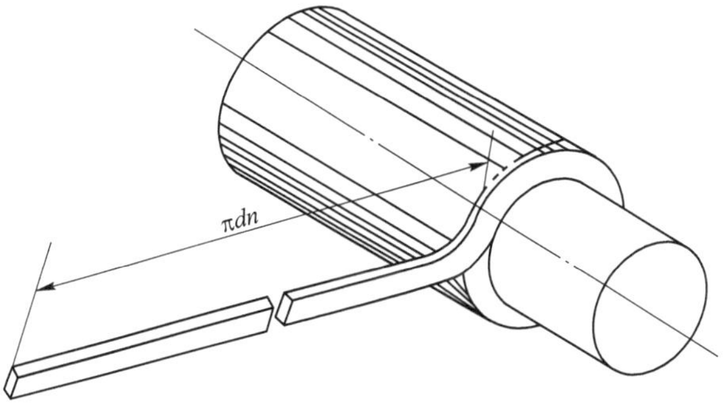


图 2-11　切削速度

试计算在 1 min 内工件相对刀具转动了 560 r，工件的直径为 60 mm，求车削时的切削速度是多少？

（4）在实际生产中，往往是已知工件直径，并根据工件材料、刀具材料和加工要求等因素确定切削速度，再将切削速度换算成车床主轴转速，以便调整机床，这时可以把切削速度的公式改写成：

$$n=\frac{1000v_c}{\pi d}$$

试计算，在 CA6140 型卧式车床上车削 $\phi$60 mm 的外圆，选择切削速度为 45 m/min，主轴转速为多少？最终在车床上选择的主轴转速又是多少？

2. 根据工序中的工步内容，正确装夹工件，如何正确装夹工件？观看教学视频，然后小组讨论，判断图 2-12 中的姿势是否正确，如果有错误，请写出正确姿势。

3. 车削端面时首先要正确安装刀具，使刀尖与主轴中心等高，常用的对刀方法是将车刀对准顶尖中心线，如图 2-13 所示，除了这个方法外，还有哪些方法，请查阅资料给出答案。

图 2-12 工件的装夹姿势

图 2-13 顶尖校正车刀中心高

4. 图 2-14 所示为高年级学生装刀时的错误示范，请指出这几种装刀方式都有哪些问题，会产生怎么样的后果？

图 2-14 刀的错误装夹

5. 根据表格中图示说明，正确填写表 2-15 所缺的内容。

**表 2-15　车刀切削相关内容**

| 车削步骤 | 车削内容 | 图　示 |
| --- | --- | --- |
| ①毛坯伸出三爪自定心卡盘约 95 mm 处 | 找正夹紧工件 |  |
| ②安装车刀 | 正确安装________和 90° 车刀 |  |
| ③用 45° 车刀车第一面端面 | • 取背吃刀量 $a_p$ =________mm；<br>• 进给量 $f$=________mm/r；<br>• 车床转速 =________r/min；<br>• 用弯头车刀车端面，车平即可，表面粗糙度达到要求 |  |
| ④用 90° 车刀车外圆 $\phi$49 mm×90 mm | • 取背吃刀量 $a_p$ =________mm；<br>• 进给量 $f$=________mm/r；<br>• 车床转速 =________r/min；<br>• 分______次进刀 | |

续表 2-15

| 车削步骤 | 车削内容 | 图示 |
| --- | --- | --- |
| ⑤车总长 | • 将工件掉头，毛坯伸出三爪自定心卡盘________mm 处，找正夹紧；<br>• 车端面 B，保证总长________mm | |
| ⑥用 90°车刀车外圆 $\phi$49 mm×80 mm | 用工步④的方法车另一端外圆 $\phi$49 mm×80 mm | |

6. 在车床上完成任务加工，将加工中所遇到的问题记录下来，并分析问题提出改进措施。

7. 用游标卡尺对加工完的零件进行检验，完成表 2-16。

**表 2-16 轴类练习零件 1 评分表**

| 序号 | 考核项目 | 考查内容及要求 | 配分 | 评分标准 | 自评 | 组评 | 师评 |
| --- | --- | --- | --- | --- | --- | --- | --- |
| 1 | 外圆 | $\phi49_{-0.3}^{\ 0}$ mm | 15×2 处 | 超差不得分 | | | |
| 2 | 长度 | (170±0.3) mm | 10 | 超差不得分 | | | |
| 3 | | 90 mm | 10 | 超差不得分 | | | |
| 4 | 表面粗糙度 | $Ra$12.5 μm | 5×2 处 | | | | |
| 5 | 7S 管理 | 工量具使用情况 | 10 | 不符合要求酌情扣分 | | | |
| 6 | | 车床保养整理 | 10 | 不符合要求酌情扣分 | | | |
| 7 | 安全操作 | 安全操作机床 | 10 | 一处不合格扣 2 分，发生重大事故取消资格 | | | |
| 8 | | 工作服穿着 | 10 | 一处不合格扣 2 分 | | | |

## 相关理论

游标卡尺是机械制造业中最常用的量具，它主要由尺身和游标等部分组成。按样式不同，游标卡尺可分为三用游标卡尺和双面游标卡尺等，其中三用游标卡尺应用最为普遍，如图 2-15 所示。游标卡尺的测量范围分别为 0～125 mm、0～150 mm、0～200 mm 和 0～300 mm 等。

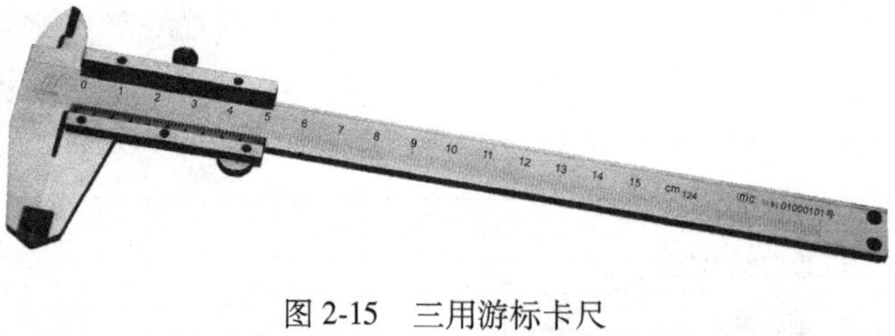

图 2-15 三用游标卡尺

1. 查阅资料，了解游标卡尺的使用方法，并判断表 2-17 中游标卡尺的使用是否正确。

**表 2-17　游标卡尺的使用方法**

| | | |
|---|---|---|
| 图示 | 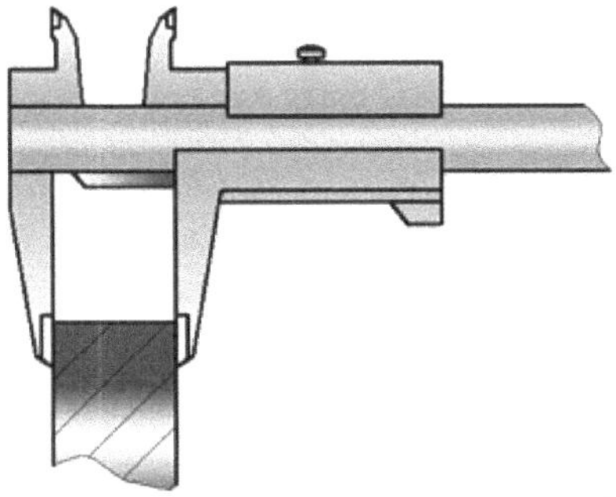 | 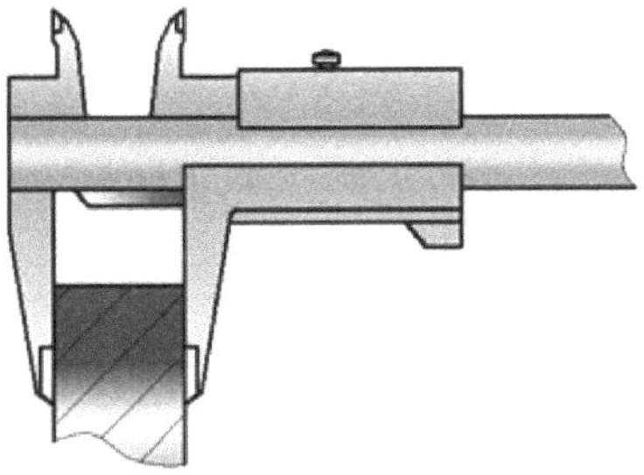 |
| 判断 | | |
| 图示 | 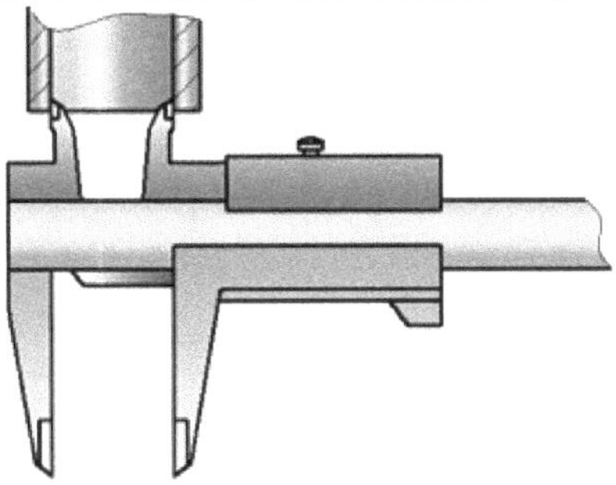 | 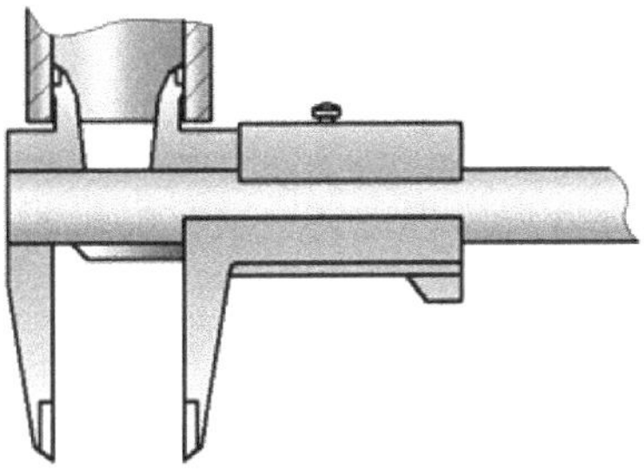 |
| 判断 | | |

2. 游标卡尺的读数方法见表 2-18。

**表 2-18　游标卡尺的识读**

| 图　　示 | 读数步骤 | 具 体 内 容 | 举　　例 |
|---|---|---|---|
| 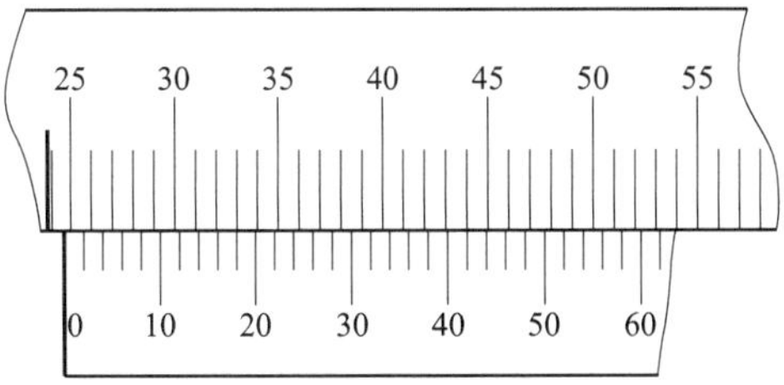  | 读整数 | 首先读出尺身上“0”线左边的正整数值（每小格以毫米为单位） | 尺身左边的正整数为 24 mm |
| 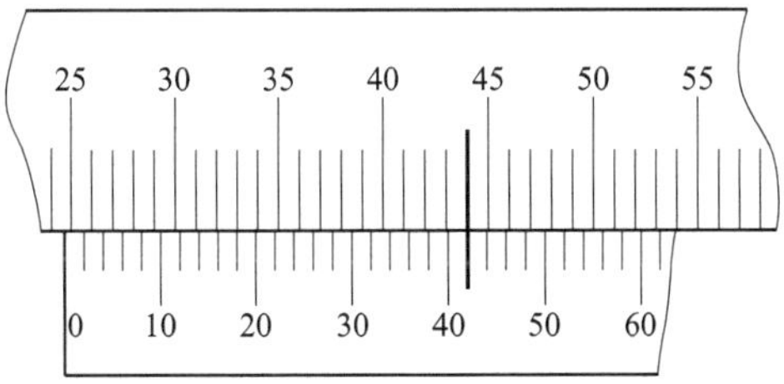  | 读小数 | 查找尺身上某刻线与游标上某刻线对齐，再与该游标卡尺的测量读数精度值相乘，得出游标上的小数值 | 游标上的小数值为 0.42 mm |

续表 2-18

| 图　示 | 读数步骤 | 具体内容 | 举　例 |
|---|---|---|---|
| 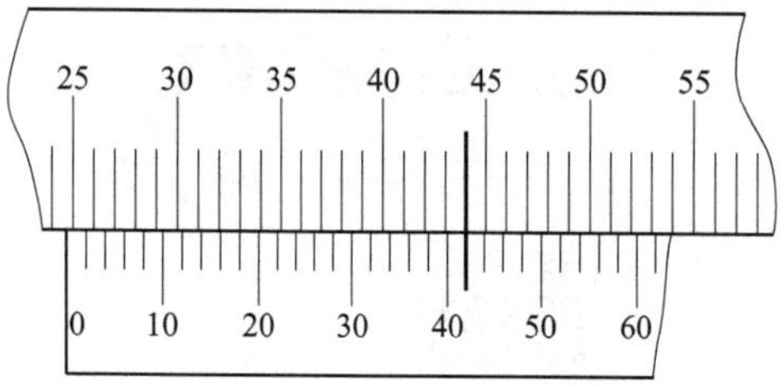 | 整数加小数 | 将尺身上的正整数与游标尺上的小数相加，最终可得出实际测量尺寸数值 | 最终所测得数值为：24 + 0.42 = 24.42 mm |

# 活动三　一夹一顶车外圆

## 学习目标

1. 正确掌握一夹一顶装夹轴类零件的装夹方法，并掌握中心孔的类型和中心孔的加工方法。

2. 正确掌握自动进给车外圆和端面，会根据不同情形变化车刀进给速度，使工件表面粗糙度达到要求。

3. 正确使用千分尺进行测量。

4. 严格按照车间 7S 管理方案进行车间整理、摆放。

## 教学时间

6 课时

## 学习内容

工作页、机械手册、微课视频

## 学习过程

### 一、图纸分析

本次任务的图纸如图 2-16 所示。

1. 本次加工的是手电筒轴类加工的第二次练习加工，该任务的毛坯采用上次任务的半成品，根据图 2-16 所示，写出本次加工需要的加工内容和尺寸精度要求，以及表面粗糙度要求。

2. 本次加工对尺寸精度和表面粗糙度都有了一定的要求，且加工过程中工件装夹在三爪外长度较长，故采用一夹一顶方式装夹，查阅资料，简述何为一夹一顶装夹，画出装夹简图。

3. 查阅资料，常用的中心孔有哪些类型，各适用于哪些场合？本次加工中使用哪种类型的中心孔比较合适？

4. 钻中心孔要正确使用夹头进行安装中心钻。请看图 2-17 并结合实物，说明如何使用钻夹头装夹中心钻。

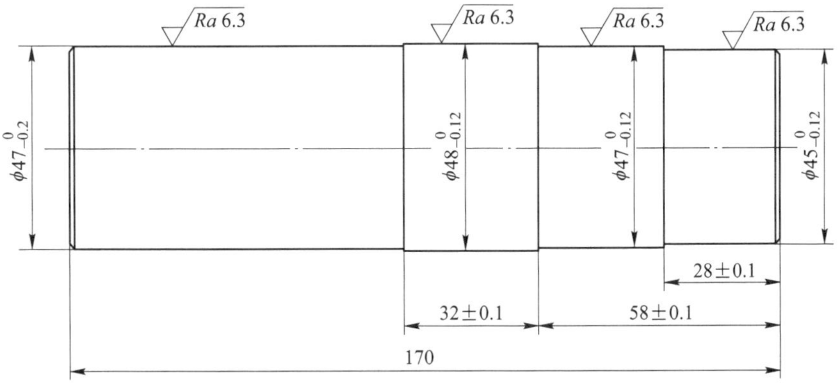


图 2-16　轴类零件加工练习 2 图

图 2-17　钻夹头及其使用

## 相关理论

### 一夹一顶装夹

车削时，工件必须在车床夹具中定位并夹紧，工件夹紧得是否正确、可靠，将直接影响加工质量和生产效率。

具体装夹方法如图 2-18 所示，装夹时将工件的一端用三爪自定心卡盘 2 夹紧，此时三爪的夹持长度较短，而另一端用后顶尖 4 顶住。这种方法叫作一夹一顶装夹。为了防止由于进给力的作用而使工件产生轴向位移，可以在主轴前端锥孔内安装一个限位支撑 1，也可以利用工件的台阶进行限位。用这种方法装夹工件较安全、可靠，能承受较大的进给力，因此应用较为广泛。

### 后顶尖

常见的后顶尖有固定顶尖和回转顶尖两种。

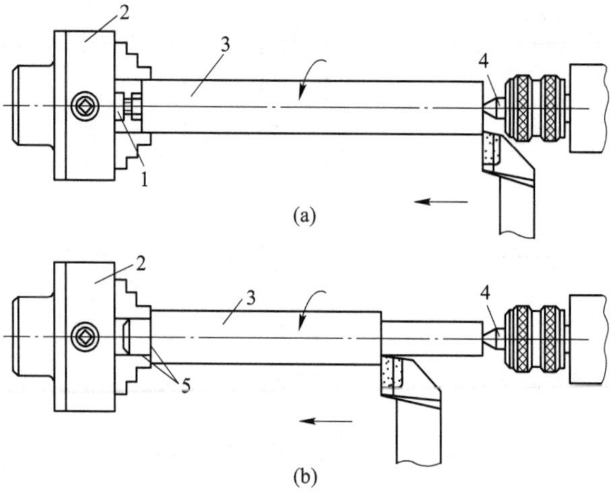


图 2-18 一夹一顶装夹
（a）用限位支撑；（b）利用工件的台阶限位
1—限位支撑；2—卡盘；3—工件；4—后顶尖；5—台阶

固定顶尖的结构如图 2-19（a）（b）所示，其特点是刚度高，定心准确；但与工件中心孔间为滑动摩擦，容易产生过多热量而将中心孔或顶尖“烧坏”，尤其是普通固定顶尖（见图 2-19（a））。因此，固定顶尖只适用于低速加工精度要求较高的工件。

回转顶尖如图 2-19（c）所示，它可使顶尖与中心孔之间的滑动摩擦变成顶尖内部轴承的滚动摩擦，能在很高的转速下正常工作，克服了固定顶尖的缺点，因此应用非常广泛。但是，由于回转顶尖在一定的装配累积误差，且滚动轴承磨损后会使顶尖产生径向圆跳动，从而降低了定心精度。

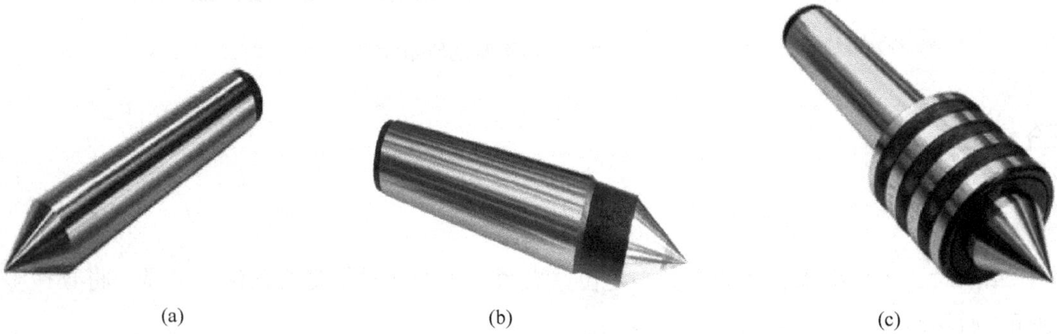


图 2-19 后顶尖
（a）普通固定顶尖；（b）镶硬质合金固定顶尖；（c）回转顶尖

## 中心孔和中心钻的类型

《中心孔》（GB/T 145—2001）规定中心孔有 A 型、B 型、C 型和 R 型四种，其类型、结构和用途详见表 2-19。

**表 2-19　中心孔和中心钻**

<table>
<tr><td colspan="2">类型</td><td>A 型</td><td>B 型</td><td>C 型</td><td>R 型</td></tr>
<tr><td colspan="2">结构图</td><td>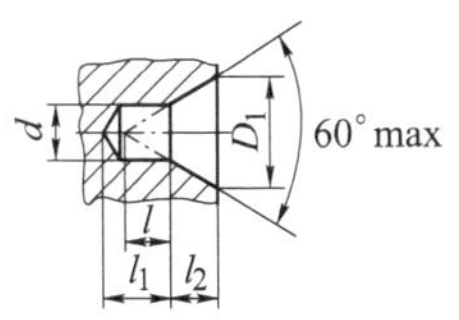</td><td>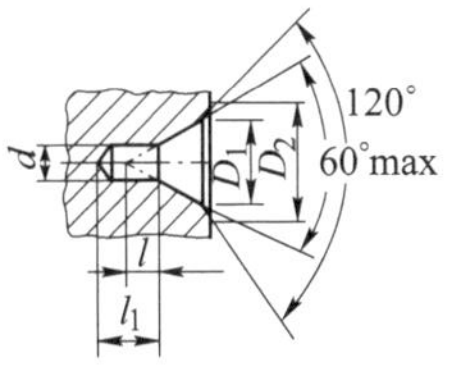</td><td>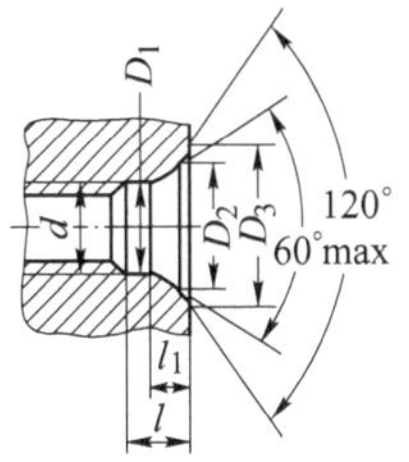</td><td>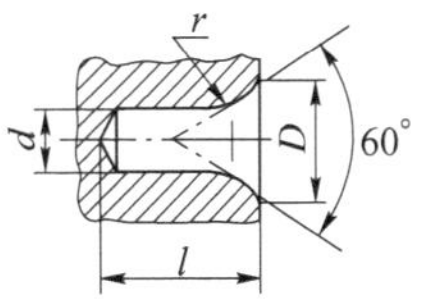</td></tr>
<tr><td colspan="2">结构说明</td><td>由圆锥孔和圆柱孔两部分组成</td><td>在 A 型中心孔的端部再加一个 120°的圆锥面，用以保护 60°锥面不致碰毛，并使工件端面容易加工</td><td>在 B 型中心孔的 60°锥孔后面加工一短圆柱孔（保证攻螺纹时不碰毛 60°锥孔），后面还用丝锥攻至成内螺纹</td><td>形状与 A 型中心孔相似，只是将 A 型中心孔的 60°锥面改成圆弧面，这样使其与顶尖的配合变成线接触</td></tr>
<tr><td rowspan="2">结构及作用</td><td>圆锥孔</td><td colspan="3">圆锥孔一般为 60°，重型工件用 75°或者 90°。它们与顶尖锥面配合，起定心作用并承受工件重力和切削力，因此圆锥孔的表面质量要求较高</td><td>线接触的圆弧面在轴类工件装夹时，能自动纠正少量的位置偏差</td></tr>
<tr><td>圆柱孔</td><td colspan="4">中心孔的基本尺寸为圆柱孔的直径 $D$，它是选取中心钻的依据；<br>圆柱孔可储存润滑脂，并能防止顶尖头部触及工件，保证顶尖锥面和中心孔锥面配合贴切以正确定心；<br>圆柱孔直径 $d \leqslant 6.3$ mm 的中心孔常用于高速钢制成的中心钻直接钻出，$d > 6.3$ mm 的中心孔常用锪孔或车孔等方法加工</td></tr>
<tr><td colspan="2">使用的中心钻</td><td></td><td></td><td></td><td></td></tr>
<tr><td colspan="2">用途</td><td>适用于精度要求一般的工件</td><td>适用于精度要求较高或工序较多的工件</td><td>适用于当需要把其他零件轴向固定在轴上时</td><td>适用于轻型和高精度轴类工件</td></tr>
</table>

## 二、领取材料

在指导老师指导下，结合图纸分析，填写领取的工量刀具清单（见表 2-20）。

**表 2-20　工量刀具清单**

| 序号 | 名　　称 | 规　　格 | 数量 | 领用人 |
|---|---|---|---|---|
| 1 | 90°车刀 | 硬质合金可转位车刀 | 1 | |
| 2 | | | | |
| 3 | | | | |
| 4 | | | | |
| 5 | | | | |

## 三、工艺步骤及零件加工

1. 本次任务零件加工工序 1 如表 2-21 所示，请各小组按照工序上的工步完成零件的加工，并将表 2-22 填写完成。

**表 2-21 一夹一顶加工工序卡片**

| 机械加工工序卡片 | 产品型号 | | 零件图号 | 2-15 | | |
|---|---|---|---|---|---|---|
| | 产品名称 | 手电筒 | 零件名称 | 手电筒轴类加工 2 | 共 1 页 | 第 1 页 |

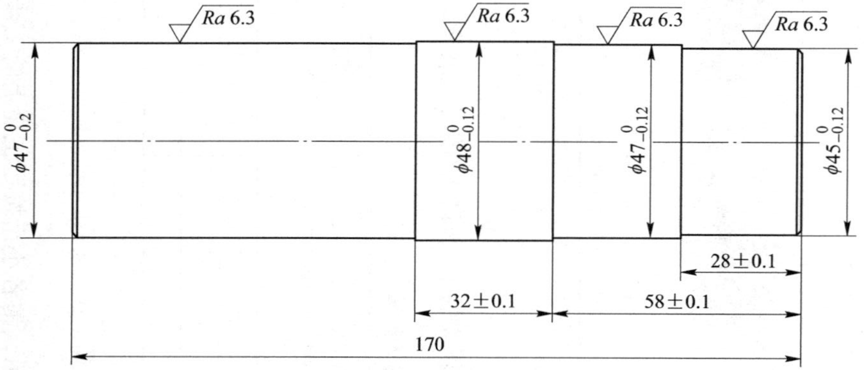


| 车间 | 工序号 | 工序名称 | 材料牌号 |
|---|---|---|---|
| C2 车间 | 01 | 一夹一顶车外圆 | 45 号钢 |
| 毛坯种类 | 毛坯外形尺寸 | 每毛坯可制件数 | 每台件数 |
| 棒料 | 零件 2-2-1 | 1 | 1 |
| 设备名称 | 设备型号 | 设备编号 | 同时加工件数 |
| 车床 | CA6140 | | 1 |
| 夹具编号 | 夹具名称 | | 切削液 |
| 工位器具编号 | 工位器具名称 | | 工序工时/min |
| | | 准终 | 单件 |
| | | | |

| 工步号 | 工步内容 | 工艺装备 | 主轴转速 $/r\cdot min^{-1}$ | 切削速度 $/m\cdot min^{-1}$ | 进给量 $/mm\cdot r^{-1}$ | 背吃刀量 /mm | 进给次数 | 工步工时 机动 | 工步工时 辅助 |
|---|---|---|---|---|---|---|---|---|---|
| 1 | 正确装夹工件，钻中心孔 | 三爪卡盘 | 800 | | 1 | | 1 | | |
| 2 | 一夹一顶粗车外圆 $\phi48$ mm×57 mm、$\phi46$ mm×27 mm | 三爪卡盘，后顶尖 | 560 | 87. 92 | 0. 2 | 1 | | | |
| 3 | 精车外圆 $\phi48$ mm×90 mm、$\phi47$ mm×58 mm、$\phi45$ mm×28 mm 至尺寸 | 三爪卡盘，后顶尖 | 830 | 125. 1 | 0. 1 | 0. 5 | 1 | | |
| 4 | 掉头，装夹工件，钻中心孔 | 三爪卡盘 | 800 | | | 1 | 1 | | |
| 5 | 一夹一顶精车外圆 $\phi47$ mm×80 mm 至尺寸 | 三爪卡盘，后顶尖 | 800 | 125. 1 | 0. 1 | 1 | 1 | | |
| 6 | 检验 | | | | | | | | |

| | | | | | | | | | | 设计（日 期） | 校对（日期） | 审核（日期） | 标准化（日期） | 会签（日期） |
|---|---|---|---|---|---|---|---|---|---|---|---|---|---|---|
| 标记 | 处数 | 更改文件号 | 签字 | 日期 | 标记 | 处数 | 更改文件号 | 签字 | 日期 | | | | | |

**表 2-22　轴类外形练习件 2 加工过程**

| 车削步骤 | 车削内容 | 图　示 |
| --- | --- | --- |
| ①装夹工件，钻中心孔 | • 将工件用三爪自定心卡盘装夹好；<br>• 钻中心孔：由于中心孔直径较小，钻削时应该用________的转速。钻至锥面 1/2 处，钻毕时应稍停留中心钻，然后退出，使中心孔________ |  |
| ②一夹一顶装夹工件 | 用三爪自定心卡盘装夹在 $\phi$49 mm 外圆处，后顶尖顶在中心孔处，切记如果顶尖尾座偏移，车出的外圆可能会产生锥度 | 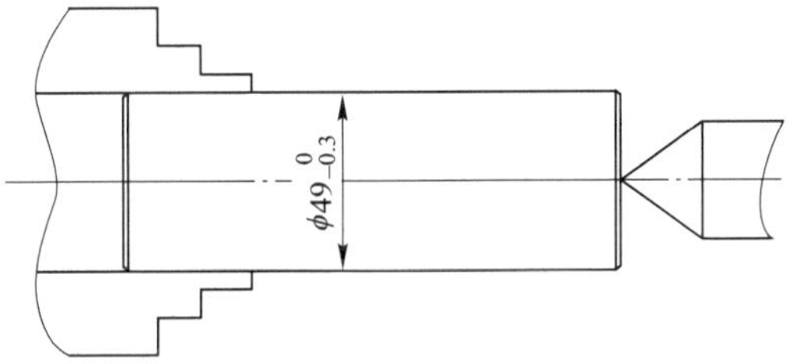 |
| ③粗车各级外圆 | • 粗车外圆 $\phi$48 mm×57 mm；<br>• 取背吃刀量 $a_p$ =________mm；<br>• 进给量 $f$=________mm/r；<br>• 进给手柄大写调至________档；<br>• 进给手柄数字调至________档；<br>• 车床转速 =________r/min | 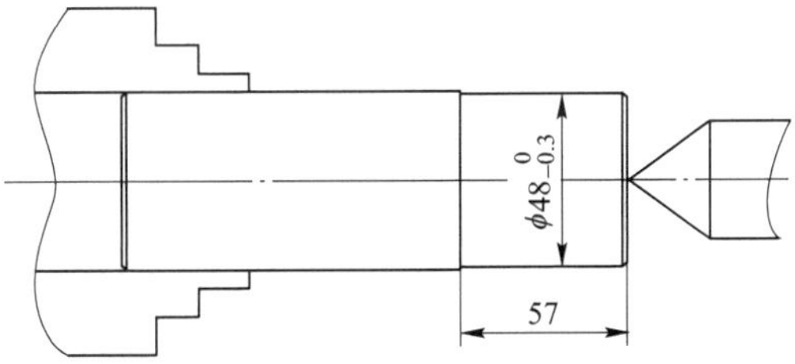 |
| | • 粗车外圆 $\phi$45 mm×28 mm；<br>• 取背吃刀量 $a_p$ =________mm；<br>• 进给量 $f$=________mm/r；<br>• 车床转速 =________r/min；<br>• 进刀________次；<br>• 精车余量________mm | 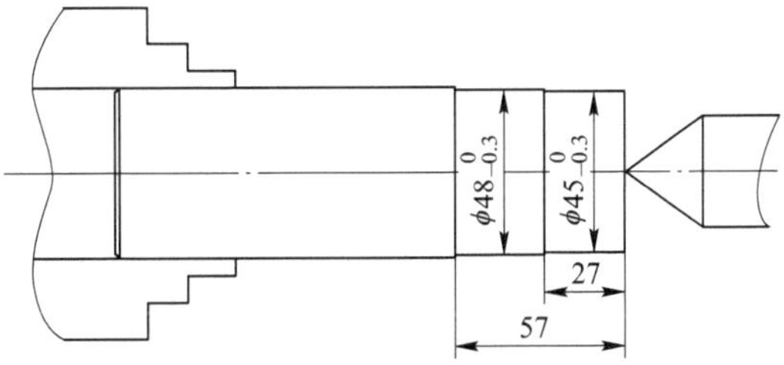 |

续表 2-22

| 车削步骤 | 车削内容 | 图示 |
| --- | --- | --- |
| ④半精车各级外圆 | • 半精车各级外圆 $\phi$48 mm×90 mm、$\phi$47 mm×58 mm、$\phi$45 mm×28 mm 至尺寸；<br>• 取背吃刀量 $a_p$ =________mm；<br>• 进给量 $f$=________mm/r；<br>• 进给手柄大写调至________档；<br>• 进给手柄数字调至________档；<br>• 车床转速 =________r/min；<br>• 此时采用________量具测量；<br>• 对各个台阶进行倒角，未注倒角 C1 | 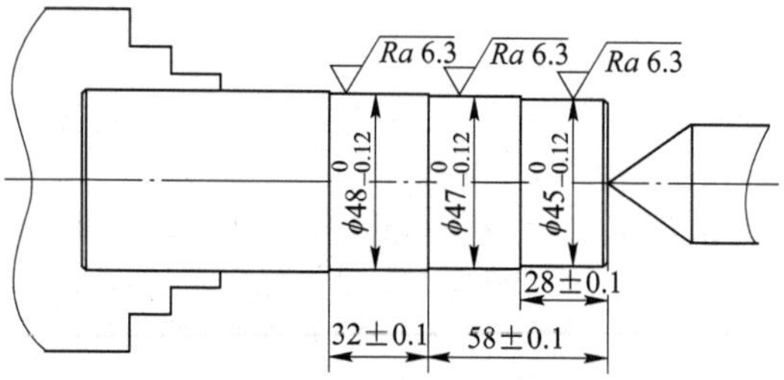 |
| ⑤掉头装夹，钻中心孔 | • 将工件用三爪自定心卡盘装夹在 $\phi$45 mm 处；<br>• 钻中心孔 | 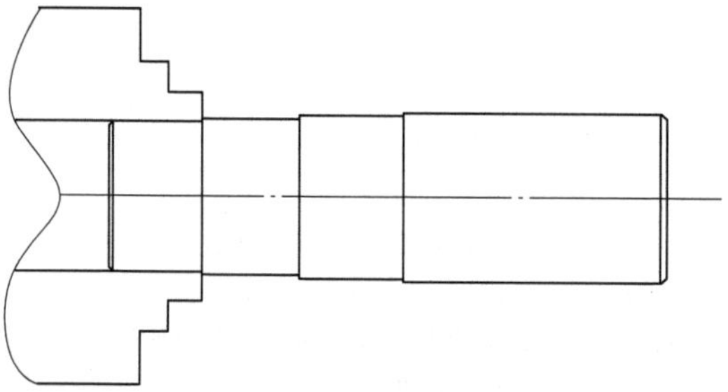 |
| ⑥一夹一顶装夹工件 | 三爪装夹时，要靠紧台阶 | 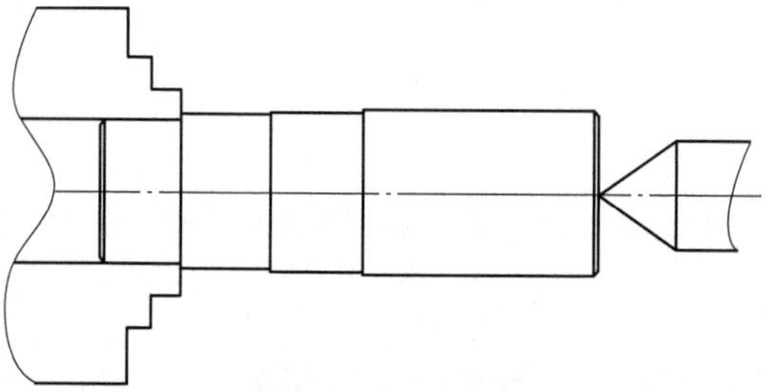 |
| ⑦半精车外圆 | 半精车外圆 $\phi$47 mm×80 mm 至尺寸，并倒角，且切削用量选择同④ | 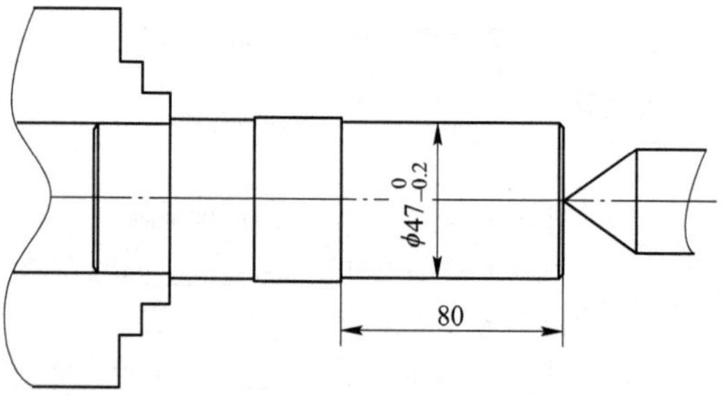 |

2. 在一夹一顶车削工件时出现了哪些问题？如何解决？
3. 总结在进行车外圆加工时，如何进行试车和试测。
4. 对已完成的工件进行测量，评价，完成测量评价表 2-23。

表 2-23　轴类练习零件 2 评价表

| 序号 | 考核项目 | 考查内容及要求 | 配分 | 评分标准 | 自评 | 组评 | 师评 |
|---|---|---|---|---|---|---|---|
| 1 | 外圆 | $\phi45_{-0.12}^{0}$ mm | 8 | 超差不得分 | | | |
| 2 | | $\phi47_{-0.12}^{0}$ mm | 8 | 超差不得分 | | | |
| 3 | | $\phi47_{-0.12}^{0}$ mm | 8 | 超差不得分 | | | |
| 4 | | $\phi48_{-0.12}^{0}$ mm | 8 | 超差不得分 | | | |
| 5 | 长度 | (28±0.1) mm | 8 | 超差不得分 | | | |
| 6 | | (58±0.1) mm | 8 | 超差不得分 | | | |
| 7 | | (32±0.1) mm | 8 | 超差不得分 | | | |
| 8 | 倒角 | C1 倒角（2 处） | 6 | 未倒不得分 | | | |
| 9 | 表面粗糙度 | $Ra$6.3 μm | 2.5×4 处 | | | | |
| 10 | 7S 管理 | 工量具使用情况 | 7 | 不符合要求酌情扣分 | | | |
| 11 | | 车床保养整理 | 7 | 不符合要求酌情扣分 | | | |
| 12 | 安全操作 | 安全操作机床 | 7 | 一处不合格扣 2 分，发生重大事故取消资格 | | | |
| 13 | | 工作服穿着 | 7 | 一处不合格扣 2 分 | | | |

## 相关理论

### 千分尺的结构和种类

千分尺主要由尺架、固定测砧、测微螺杆、测力装置和锁紧装置等组成。测微螺杆的移动量为 25 mm，所以千分尺的测量范围分别是 0～25 mm、25～50 mm、50～75 mm 和 75～100 mm 等，即每隔 25 mm 为一种规格。千分尺的分度值都为 0.01 mm。

千分尺是生产中最常用的精密量具之一。其种类有很多，比如外径千分尺、内测千分尺、深度千分尺、螺纹千分尺和法向千分尺等，常用的为外径千分尺，如图 2-20 所示。

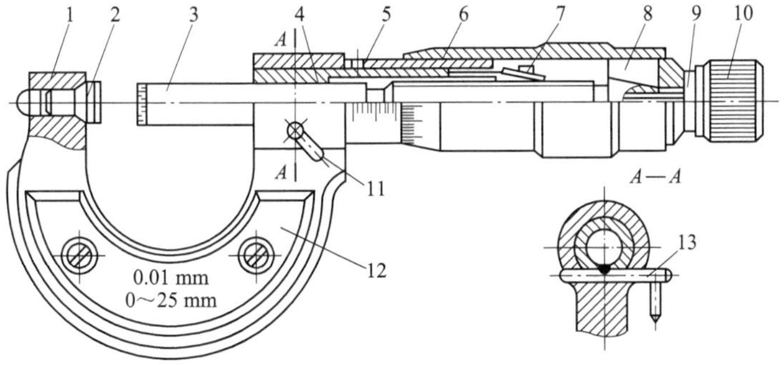


图 2-20　外径千分尺结构示意图

1—尺架；2—固定测头（测砧）；3—测微螺杆；4—螺纹轴套；5—固定套管；6—微分筒；7—调节螺母；8—弹簧套；9—垫圈；10—测力装置；11—锁紧手柄；12—隔热垫板；13—锁紧销

### 千分尺的操作

千分尺的使用方法具体见表 2-24。

**表 2-24 千分尺的使用方法**

<table>
<tr><th>操作名称</th><th>操作内容</th><th>图示</th></tr>
<tr><td rowspan="2">校准</td><td rowspan="2">千分尺在使用前需检查并校正零位；<br>当零位不准时，可以用专用扳手转动固定套筒。当零位偏离较多时，可松开紧定螺钉，使测微螺杆和微分筒松动，再转动微分筒来对准零位，直到微分筒的左边缘与固定套筒上的“0”刻度线重合，同时要使微分筒上的“0”刻度线对准固定套筒上的基准线；<br>0~25 mm 的千分尺采用直接校准法；大于 25 mm 的采用量块的间接校准法</td><td>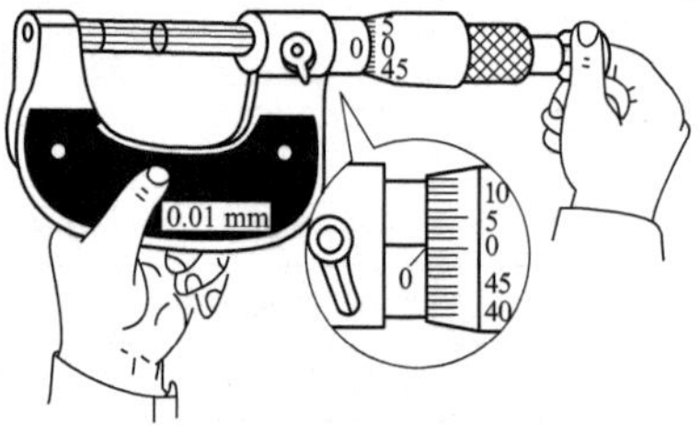<br><br>直接校对法</td></tr>
<tr><td>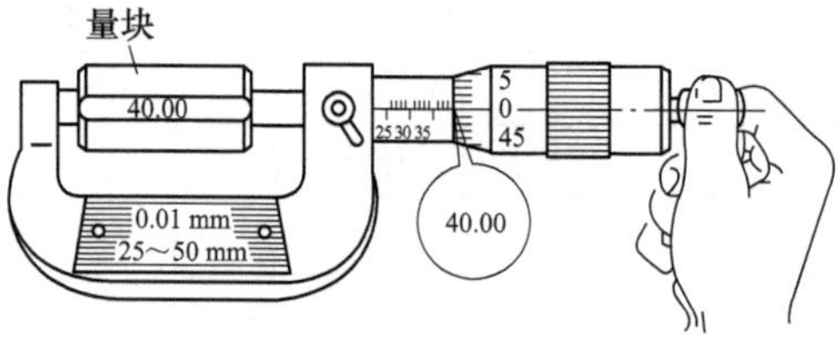<br><br>用校对量杆或量块的间接校对法</td></tr>
<tr><td>单手操作测量</td><td rowspan="2">测量工件时，先转动千分尺的微分筒，待测微螺杆的测量面接近工件被测表面时，再转动测力装置，使测微螺杆的测量面接触工件表面，当听到 2~3 声“咔咔”响后即可停止转动测力装置，读取工件的尺寸，为防止尺寸变动，可转动锁紧装置将测微螺杆锁紧</td><td>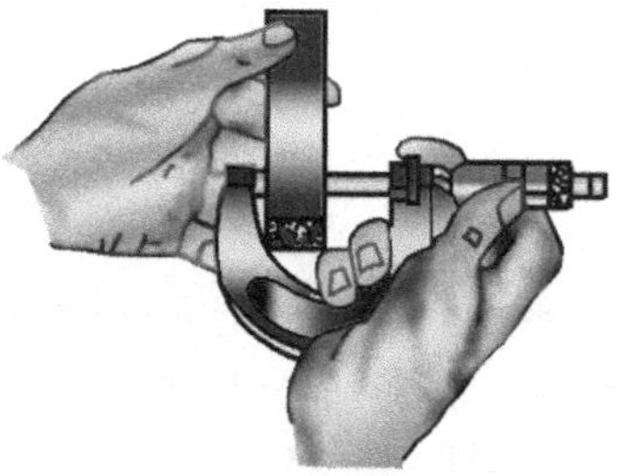<br>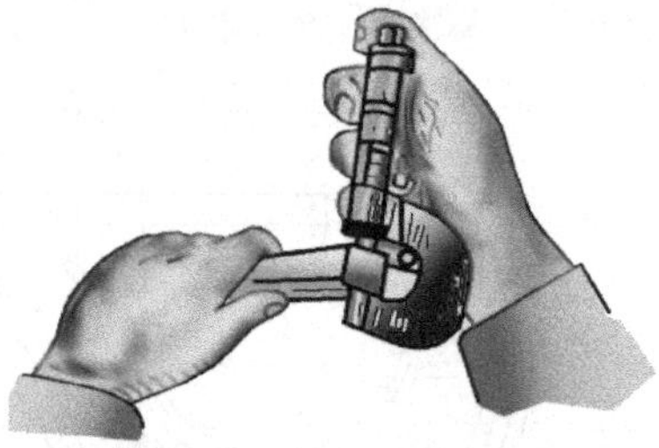</td></tr>
<tr><td>双手操作测量</td><td>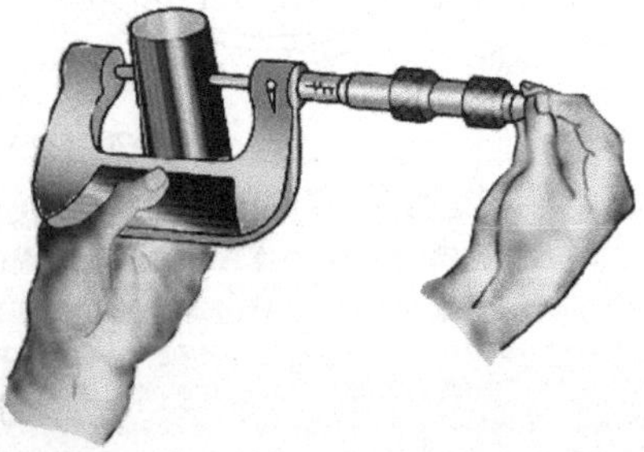</td></tr>
</table>

续表 2-24

| 操作名称 | 操 作 内 容 | 图　　示 |
|---|---|---|
| 支架操作测量 | 测量工件时，先转动千分尺的微分筒，待测微螺杆的测量面接近工件被测表面时，再转动测力装置，使测微螺杆的测量面接触工件表面，当听到2~3声“咔咔”响后即可停止转动测力装置，读取工件的尺寸，为防止尺寸变动，可转动锁紧装置将测微螺杆锁紧 |  |

## 千分尺的读数

千分尺的具体读数方法见表 2-25。

**表 2-25　千分尺的读数方法**

| 图　　示 | 读数步骤 | 具 体 内 容 | 举　　例 |
|---|---|---|---|
| 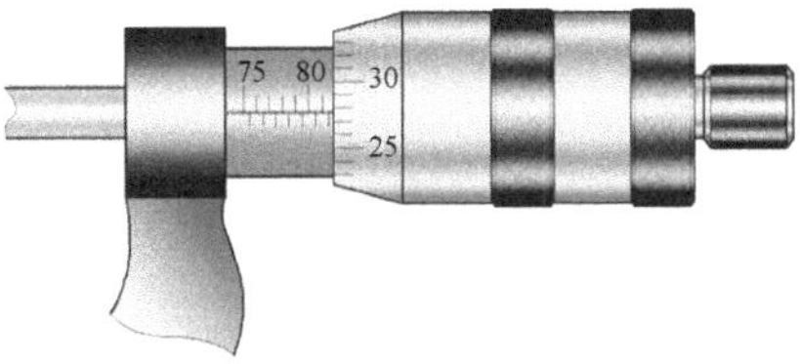 | 读整数 | 首先读出固定套管上的正整数。在读数时要注意微分筒边缘与固定套管基线的上、下刻线，因上、下刻线相差距离为 0.5 mm，超线则在整数后加上 0.5 mm | 尺身左边的正整数为 81 mm，此时超线故要加上 0.5 mm |
| 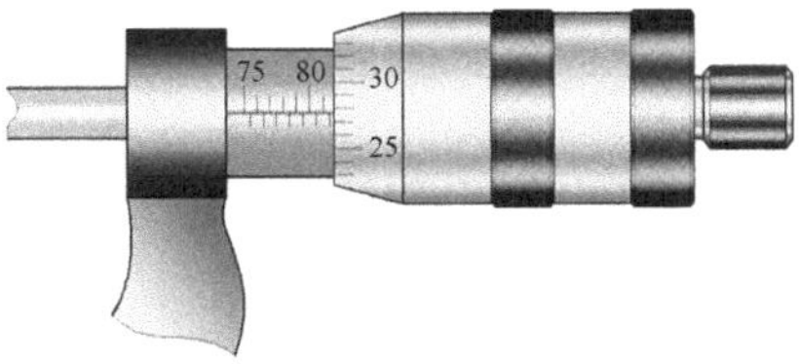 | 读小数 | 再读出微分筒上的小数 | 微分筒上的小数值为 0.28 mm |
| 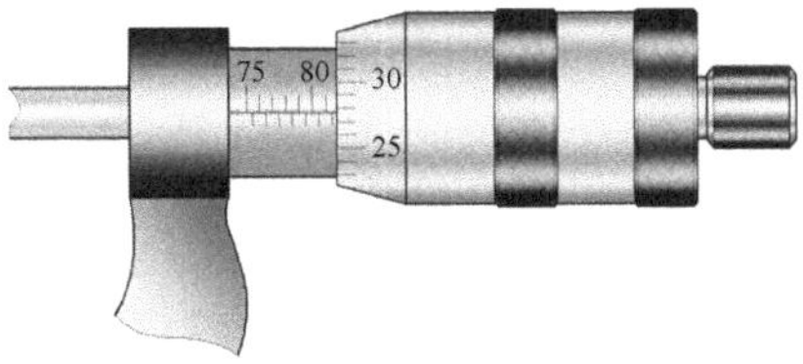 | 整数加小数 | 正整数与小数相加为实测所得尺寸 | 最终所测得数值为：81 + 0.5 + 0.28 = 81.78 mm |

安全提示：

1. 车削前应检查滑板位置是否正确，工件装夹是否牢靠，三爪扳手是否取下。
2. 检查车刀是否正确安装，紧固螺钉是否拧紧，刀架压紧手柄是否锁紧。
3. 变换转速时应先停机，后变速，否则容易使齿轮折断。

## 操作提示

1. 车削时应先启动机床，后进刀，车削完毕时应先退刀再停止车床，否则车刀容易损坏。

2. 车削外圆时应进行试刀和试测量，才可以合理控制尺寸。

3. 中心孔的形状应正确，表面粗糙度值要小。装入顶尖前，应清除中心孔内的切屑或异物。

4. 在不影响车刀切削的前提下，尾座套筒尽量伸出短些，以提高系统刚度，减少振动。

5. 顶尖与中心孔的配合必须松紧合适。如果后顶尖顶得太松，工件不能准确定心，对加工精度有一定的影响，并且车削时容易产生振动，甚至会使工件飞出，发生加工事故。

# 活动四　两顶尖精车外圆

## 学习目标

1. 正确掌握两顶尖装夹轴类零件的装夹方法。
2. 掌握轴类零件相关的形位公差符号的含义及使用方法。
3. 掌握切削液的种类和作用，并能合理地选择切削液。
4. 正确分析轴类零件的加工工艺和加工工序，并能正确填写工序卡片。
5. 严格按照车间 7S 管理方案进行车间整理、摆放。

## 教学时间

6 课时

## 学习准备

工作页、机械手册、微课视频

## 学习内容

### 一、图纸分析

本次任务的图纸如图 2-1 所示。

1. 本次加工的是手电筒轴类加工成品加工，该任务的毛坯采用上次任务的半成品，根据图 2-20 所示，写出本次加工需要的加工内容和尺寸精度要求，以及表面粗糙度要求。

2. 本次加工中，图纸上出现的 | ◎ | $\phi 0.02$ | A | 是形状公差还是位置公差？请查阅资料，写明本次公差具体的含义。

3. 查阅资料，掌握常用的形位公差符号，并填写完表 2-26。

4. 本次加工轴类外形，对形位精度有了一定的要求，如何保证该精度呢？本次加工采取怎么样的装夹方式？

**表 2-26　常用的形位公差符号**

| 公差类型 | 项目 | 符号 | 公差类型 | 项目 | 符号 |
|---|---|---|---|---|---|
| 形状公差 | | — | 方向公差 | | // |
| | 平面度 | | | 垂直度 | |
| | | ○ | | | ∠ |
| | 圆柱度 | | 位置公差 | 同轴（心）度 | |
| 形状或位置公差（轮廓公差） | | ⌒ | | 对称度 | |
| | 面轮廓度 | | | 位置度 | |
| | | | 跳动公差 | | ↗ |
| | | | | 全跳动 | |

5. 采用两顶尖车削轴类零件，如图 2-21 所示，图中的 1、2 分别表示什么？各自有什么作用？完成表 2-27。

图 2-21　两顶尖装夹

1—________；2—________；3—工件；4—后顶尖

表 2-27 双顶尖装夹夹具

| 序号 | 名称 | 作 用 | 图 示 |
|---|---|---|---|
| 1 | | |  |
| 2 | | | 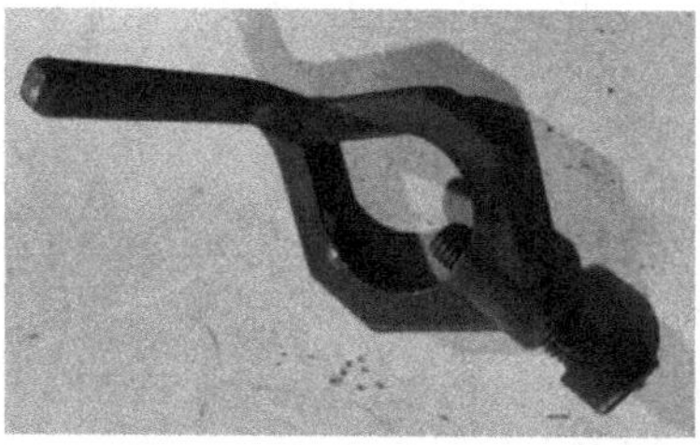 |

6. 查阅资料，分析什么样的工序或者场合需要采用两顶尖装夹方式，此装夹方式有哪些优缺点。

## 二、领取材料

在指导老师指导下，结合图纸分析，填写领取的工量刀具清单（见表 2-28）。

表 2-28 工量刀具清单

| 序号 | 名 称 | 规 格 | 数量 | 领用人 |
|---|---|---|---|---|
| 1 | 90°车刀 | 硬质合金可转位车刀 | 1 | |
| 2 | 鸡心夹头 | | 1 | |
| 3 | | | | |
| 4 | | | | |
| 5 | | | | |
| 6 | | | | |

## 三、工艺步骤及零件加工

1. 本次任务零件加工工序 2 如表 2-29 所示，请各个小组按要求完成加工工序卡片，并按照工序卡片上的工步完成零件的加工。最后将表 2-30 的加工流程填写完成。

**表 2-29　两顶尖加工工序卡片**

| | | | | | | |
|---|---|---|---|---|---|---|
| 机械加工工序卡片 | 产品型号 | | 零件图号 | 2-20 | | |
| | 产品名称 | 手电筒 | 零件名称 | 手电筒轴类加工 | 共 1 页 | 第 1 页 |

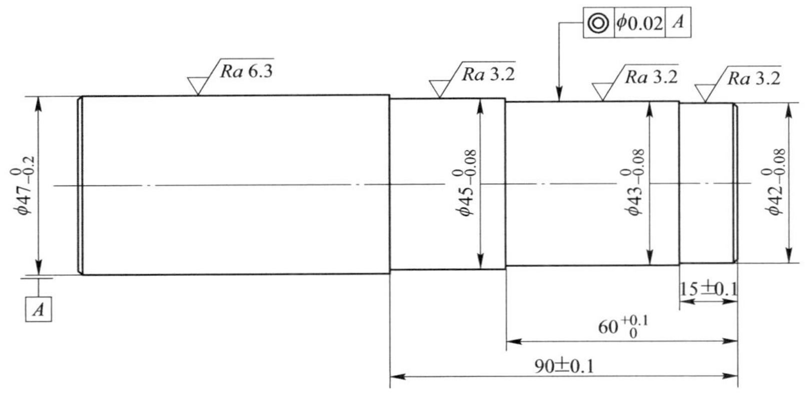


| | | | |
|---|---|---|---|
| 车间 | 工序号 | 工序名称 | 材料牌号 |
| C2 车间 | 01 | 两顶尖车外圆 | 45 号钢 |
| 毛坯种类 | 毛坯外形尺寸 | 每毛坯可制件数 | 每台件数 |
| 棒料 | 零件 2-3-1 | 1 | 1 |
| 设备名称 | 设备型号 | 设备编号 | 同时加工件数 |
| 车床 | CA6140 | | 1 |
| 夹具编号 | 夹具名称 | 切削液 | |
| | | 皂化液 | |
| 工位器具编号 | 工位器具名称 | 工序工时(min) | |
| | | 准终 | 单件 |
| | | | |

| 工步号 | 工步内容 | 工艺装备 | 主轴转速 /r·min$^{-1}$ | 切削速度 /m·min$^{-1}$ | 进给量 /mm·r$^{-1}$ | 背吃刀量 /mm | 进给次数 | 工步工时 机动 | 工步工时 辅助 |
|---|---|---|---|---|---|---|---|---|---|
| 1 | | | | | | | | | |
| 2 | | | | | | | | | |
| 3 | | | | | | | | | |
| 4 | | | | | | | | | |
| 5 | | | | | | | | | |
| 6 | | | | | | | | | |
| | | | | | | | | | |
| | | | | | | | | | |

| | | | | | | | | | | | | | | |
|---|---|---|---|---|---|---|---|---|---|---|---|---|---|---|
| | | | | | | | | | | 设计（日 期） | 校对（日期） | 审核（日期） | 标准化（日期） | 会签（日期） |
| 标记 | 处数 | 更改文件号 | 签字 | 日期 | 标记 | 处数 | 更改文件号 | 签字 | 日期 | | | | | |

**表 2-30 轴类零件外形加工**

| 车削步骤 | 车削内容 | 图示 |
| --- | --- | --- |
| ①在两顶尖装夹工件 | • 用鸡心夹头夹紧该轴左端 $\phi$47 mm 外圆处，并使夹头上的拨杆伸出工件轴端；<br>• 根据工件长度调整好尾座的位置并紧固；<br>• 右手托起工件，将夹有夹头的一端工件的中心孔放置在前顶尖上，并使夹头的拨杆贴近卡盘的卡爪侧面；<br>• 同时右手摇动尾座手轮，使后顶尖顶入工件另一端的中心孔；<br>• 最后，将尾座套筒的固定手柄压紧 | 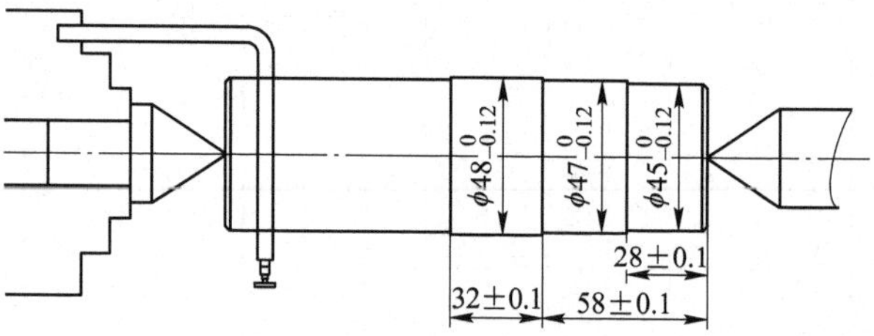 |
| ②选择切削用量 | • 取背吃刀量 $a_p$ = ______mm；<br>• 进给量 $f$= ________mm/r；<br>• 车床转速 = ________r/min | |
| ③两顶尖车各级外圆 | • 两顶尖装夹工件，启动车床，工件旋转；<br>• 精车________mm 的外圆，长度为________mm，表面粗糙度 $Ra$ 值达到________μm；<br>• 采用________测量尺寸 | 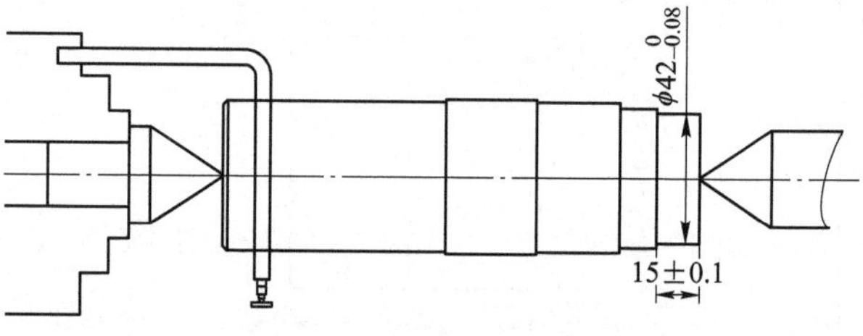 |
| | 精车第二级外圆至 $\phi$ ______mm；<br>长度为________mm，表面粗糙度达到________μm，同轴度误差要小于等于________ mm | 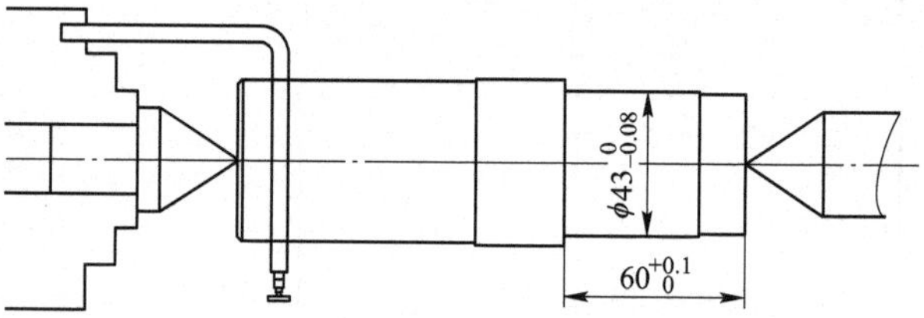 |
| | 精车第三级外圆至 $\phi$ ______mm；<br>长度为________mm，表面粗糙度达到______μm | 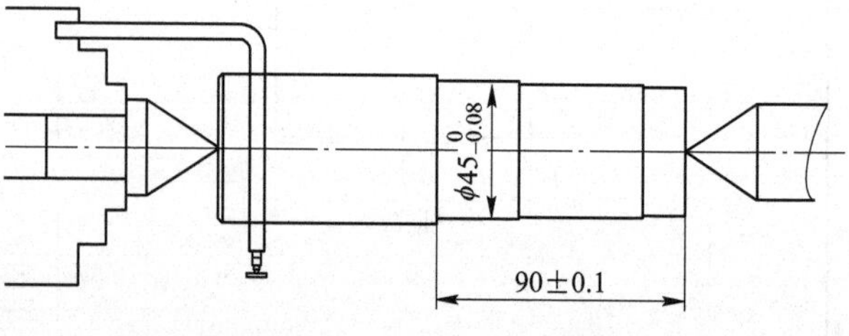 |

续表 2-30

| 车削步骤 | 车削内容 | 图示 |
|---|---|---|
| ④倒角 | • 将 45° 车刀转至加工刀位；<br>• 按图纸倒角，未注倒角 $C1$；<br>• 其余锐角倒钝；<br>• 倒角过程中如车刀与后顶尖碰撞，可拆除后顶尖 | 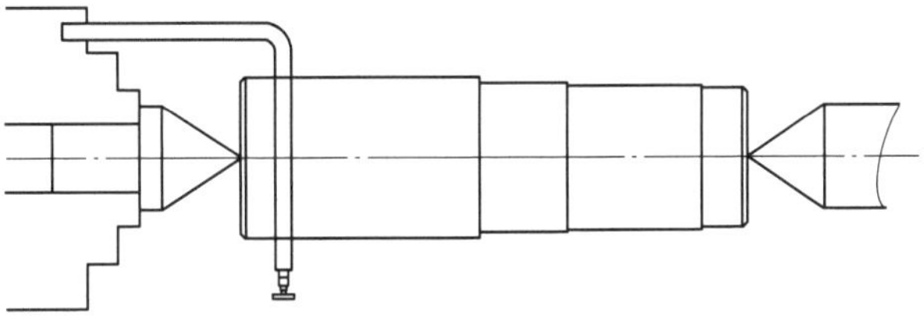 |

2. 在车床上完成加工，将加工过程中遇到的问题记录下来，并分析问题，提出改进措施。

3. 按照车间 7S 管理方案整理现场，正确处置切削等废弃物，并对车床进行常规保养。

## 相关理论

切削液又称为冷却润滑液，是在车削过程中为改善切削效果而使用的液体。在车削过程中，在切屑、刀具与加工表面间存在着剧烈的摩擦，并产生很大的切削力和大量的切削热。合理地使用切削液，不仅可以减小表面粗糙度，减少切削力，而且还会使切削温度降低，从而延长刀具寿命，提高劳动生产率和产品质量。

1. 切削液的作用有如下几种：

（1）冷却作用。切削液能吸收并带走切削区域大量的热量，降低刀具和工件的温度，从而延长刀具的使用寿命，并能减少工件因热变形而产生的尺寸误差，同时也为提高生产率创造了条件。

（2）润滑作用。切削液能渗透到工件与刀具之间，在切屑与刀具的微小间隙中形成一层很薄的吸附膜，因此，可减少刀具与切屑、刀具与工件间的摩擦，减少刀具的磨损，使排屑流畅，并能提高工件的表面质量。对于精加工，润滑就显得更加重要。

（3）清洗作用。车削过程中产生的细小切屑很容易吸附在工件和刀具上，尤其是铰孔和钻深孔时，切屑更容易堵塞。如加注一定压力、足够流量的切削液，则可将切屑迅速冲走，使切削顺利进行。

2. 车削时常用的切削液有水溶性和油溶性两大类，切削液的种类、成分、性能和作用见表 2-31。

**表 2-31 常见的切削液**

| 种类 | | | 成分 | 性能和作用 | 用途 |
|---|---|---|---|---|---|
| 水溶性切削液 | 水溶液 | | 以软水为主，加入防锈剂、防霉剂，有的还加入油性添加剂、表面添加剂以增强润滑性 | 主要起冷却作用 | 常用于粗加工 |
| | 乳化液 | | 配制成 3%～5% 的低浓度乳化液 | 主要起冷却作用，但润滑和防锈性能较差 | 用于粗加工、难加工的材料和细长工件的加工 |
| | | | 配制成高浓度乳化液 | 提高其润滑和防锈性能 | 精加工 |
| | | | 加入一定的极压添加剂和防锈添加剂，配制成极压乳化液 | | 用高速钢刀具粗加工和对钢料精加工时用极压乳化液；<br>钻削、铰削和加工深孔等半封闭状态下，用黏度较小的极压乳化液 |
| | 合成切削液 | | 由水、各种表面活性剂和化学添加剂组成。国产 DX148 多效合成切削液有良好的使用效果 | 冷却、润滑、清洗和防锈性能良好，不含油，可节省能源，有利于环保 | 国内外推广使用的高性能切削液。国外的使用率高达 60%，在我国工厂中的使用液日益增加 |
| 油溶性切削液 | 切削油 | 矿物油 | L-AN15、L-AN22 等机械油 | 润滑效果好 | 在一般的精车、螺纹精加工中使用 |
| | | 动植物油 | 食用油 | 能形成较牢固的润滑膜，其润滑效果比纯矿物油好，但容易变质 | 应尽量少用或不用 |
| | | 复合油 | 矿物油和动植物油的混合油 | 润滑作用、渗透作用和清洗作用均较好 | 应用广泛 |
| | 极压切削油 | | 在矿物油中添加氯、硫、磷等极压添加剂和防锈添加剂配制而成。常用的有氯化切削油、硫化切削油 | 它在高温下不破坏润滑膜，具有良好润滑效果，防锈性能也提高 | 用高速钢刀具对钢料精加工时使用；<br>钻削、铰削和加工深孔等半封闭状态下，用黏度较小的极压乳化液 |

# 活动五 轴类零件的测量及误差分析

## 学习目标

1. 掌握百分表的读数方法及检测轴类外形的形位精度的方法。
2. 利用量具完成轴类外形各要素的直接和间接测量。
3. 正确规范地使用工量具，并对其进行合理保养和维护。
4. 正确完成自测、组测，并根据检测结果正确填写检验报告。

## 教学时间

2 课时

## 学习准备

工作页、微课视频、检测工具

## 学习内容

### 一、轴类零件检测

对加工完成的轴类零件进行检测，并把检测的结果填入表 2-32。

**表 2-32　轴类零件检测表**

| 序号 | 考核项目 | 考查内容及要求 | 得分 | 评分标准 | 自评 | 组评 | 师评 |
|---|---|---|---|---|---|---|---|
| 1 | 外圆 | $\phi42_{-0.08}^{0}$ mm | 10 | 超差不得分 | | | |
| 2 | | $\phi43_{-0.08}^{0}$ mm | 10 | 超差不得分 | | | |
| 3 | | $\phi45_{-0.08}^{0}$ mm | 10 | 超差不得分 | | | |
| 4 | 长度 | (15±0.1) mm | 8 | 超差不得分 | | | |
| 5 | | $60_{0}^{+0.1}$ mm | 8 | 超差不得分 | | | |
| 6 | | (90±0.1) mm | 8 | 超差不得分 | | | |
| 7 | 倒角 | *C*1 倒角（2 处） | 7 | 未倒不得分 | | | |
| 8 | 同轴度 | $\phi$0.02 mm | 10 | 超差不得分 | | | |
| 9 | 表面粗糙度 | *Ra*3.2 μm | 3×3 处 | 超差不得分 | | | |
| 10 | 7S 管理 | 工量具使用情况 | 5 | 不符合要求酌情扣分 | | | |
| 11 | | 车床保养整理 | 5 | 不符合要求酌情扣分 | | | |
| 12 | 安全操作 | 安全操作机床 | 5 | 1 处不合格扣 2 分，发生重大事故取消资格 | | | |
| 13 | | 工作服穿着 | 5 | 1 处不合格扣 2 分 | | | |

## 相关理论

百分表是一种指示式量仪，常用的百分表有钟面式和杠杆式两种，其中轴类零件检测中最常用的为钟面式，如图 2-22 所示。

1. 钟面式百分表的结构如图 2-22 所示。大分度盘一格的分度值为 0.01 mm，沿圆周共有 100 个格。当大指针分度盘转过一周时，小指针转过 1 格，测量头移动 1 mm，因此，小分度盘的分度值为 1 mm。常用的百分表测量范围为 0~3 mm、0~5 mm 和 0~10 mm。测量时，测量头移动的距离等于小指针的读数（整数部分）加上大指针的读数（小数部分）。

2. 百分表在使用过程中要注意以下几点注意事项：

（1）百分表应固定在磁性表座或百分表支架上使用。表架要放稳，以免百分表落地摔坏。

（2）测量前，应转动罩壳使表的大指针对准“0”刻线，如图 2-23 所示。

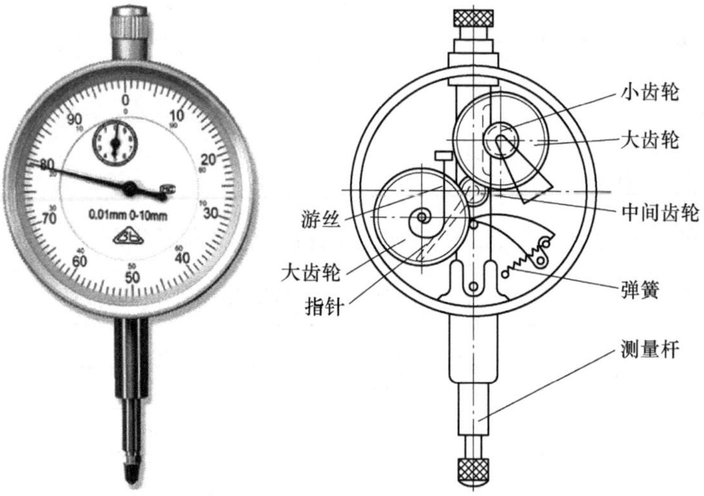


图 2-22 钟面式百分表结构

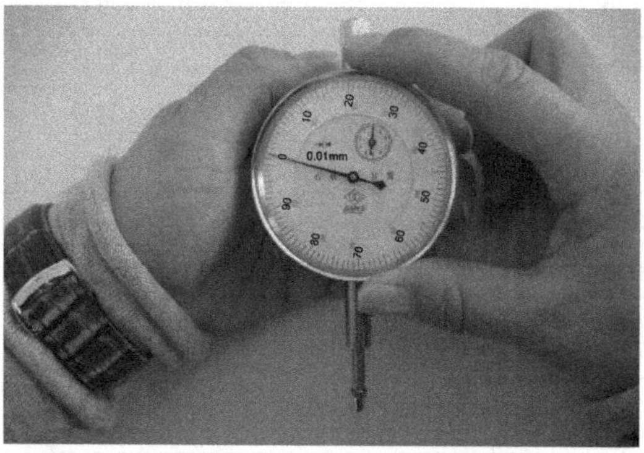


图 2-23 百分表对零

（3）测量时，测量杆的行程不要超过它的示值范围，以免损坏表内零件。

（4）提压测量杆的次数不要过多，距离不要过大，以免损坏机件及加剧零件磨损。

（5）测量平面或圆形工件时，钟面式百分表的测头应与平面垂直，如图 2-24（a）所示，或与圆柱形工件的中心线垂直，如图 2-24（b）所示，否则百分表测量杆移动不灵活，测量结果不准确。

（6）为避免剧烈振动和碰撞，不要使测量头突然撞击在被测表面上，以防测量杆产生弯曲变形，更不能敲打表的任何部位。

（7）严防水、油、灰尘等进入表内，不要随便拆卸表的后盖。百分表使用完毕后要擦净放回盒内，使测量杆处于自由状态，以免表内弹簧失效。

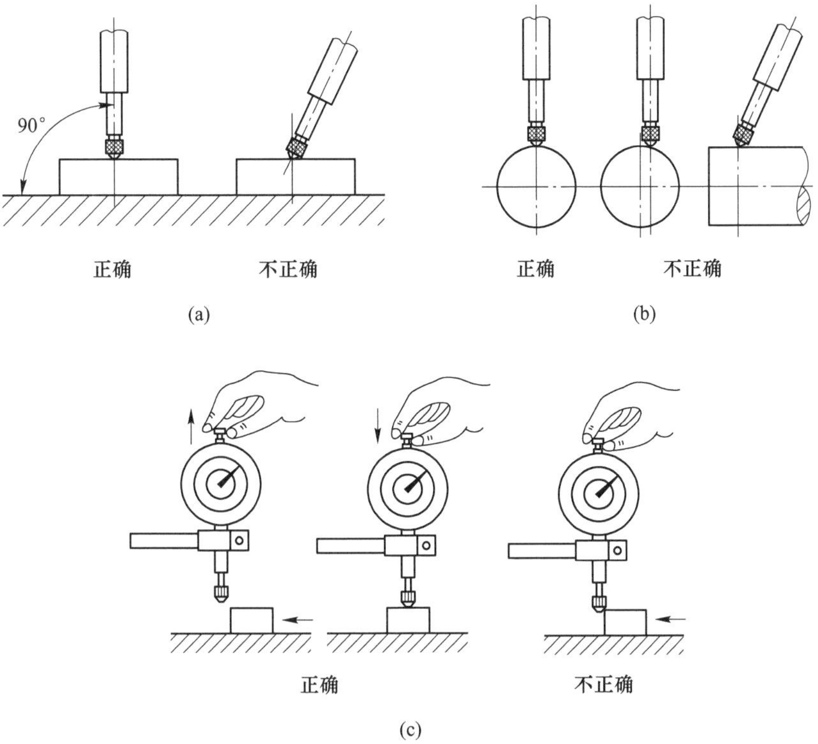


图 2-24　百分表的正确使用

3. 轴类零件常见的行位公差检测方法见表 2-33。

**表 2-33　常见的形位公差检测**

| 公　差 | 检测方法 | 图　示 |
|---|---|---|
| 圆柱度 | 将工件放置在V形架上，只要在被测表面的全长上取前、中、后几点，比较其测量值，其中最大值与最小值之差的一半即为被测表面全长上的圆柱度误差 | 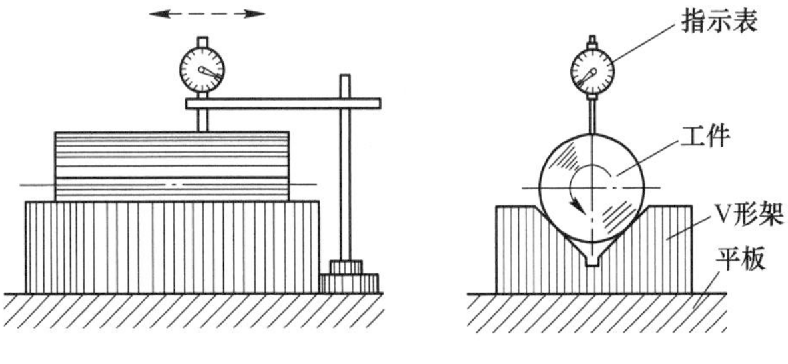 |
| 同轴度 | 将被测零件基准面两端放在V形架上，然后使百分表与测量面接触，当被测零件在V形架上转动一周，百分表的变动量即为该零件的同轴度误差 | 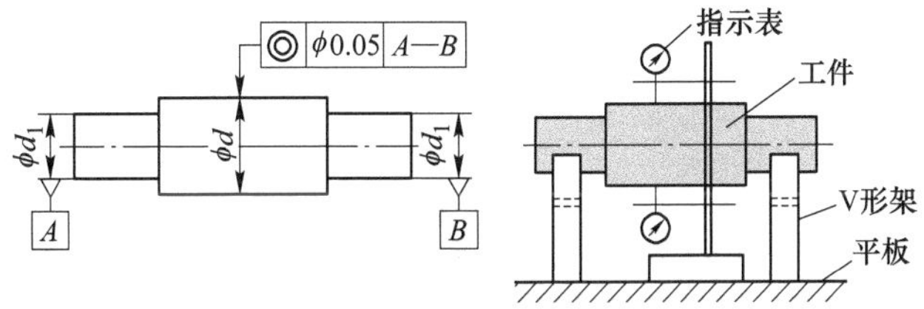 |

续表 2-33

| 公　　差 | 检测方法 | 图　　示 |
|---|---|---|
| 径向圆跳动 | 将工件用两顶尖装夹，工件转一周时，百分表所得的读数差就是径向圆跳动误差 | 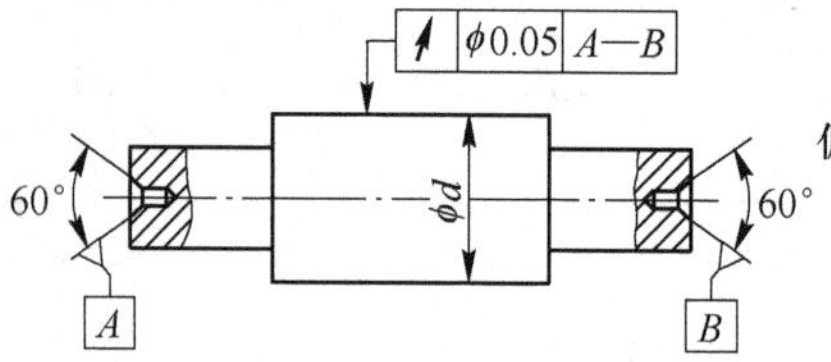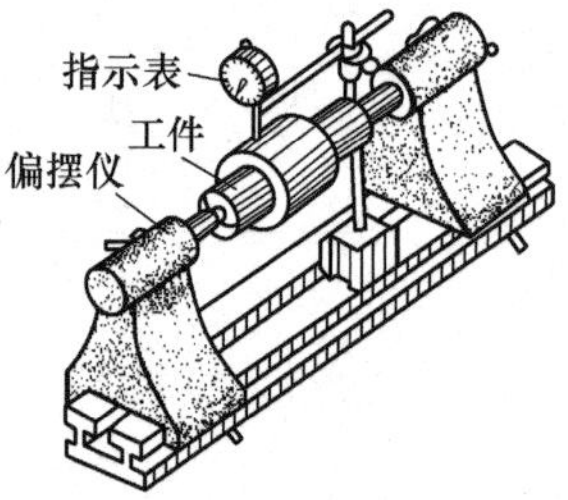 |

## 二、轴类零件质量分析

1. 查阅资料（见表 2-34），针对工件中出现的问题和废品种类，分析原因，找出改进措施。

**表 2-34　车轴类零件时产生废品的原因及预防方法**

| 废品种类 | 产生原因 | 预防方法 |
|---|---|---|
| 尺寸精度达不到要求 | ①看错图样或刻度盘使用不当；<br>②没有进行试车削；<br>③量具有错误或测量不正确；<br>④由于切削热的影响，使工件尺寸发生变化；<br>⑤机动进给没有及时关闭，使车刀进给长度超过台阶长度 | ①必须看清图样的尺寸要求，正确使用刻度盘，看清刻度值；<br>②根据加工余量算出背吃刀量，进行试车削，然后纠正背吃刀量；<br>③量具使用前，必须检查和调整零位，正确掌握测量方法；<br>④不能在工件高温时测量；如测量，应掌握工件的收缩情况，或浇注切削液，降低工件温度；<br>⑤注意及时关闭机动进给；或提前关闭机动进给，再用手动进给车至长度尺寸 |
| 产生锥度 | ①用一夹一顶或两顶尖装夹工件时，后顶尖轴线不在主轴轴线上；<br>②用小滑板车外圆时，小滑板的位置不正确，即小滑板的基准线和中滑板的“0”刻线没有对准；<br>③用卡盘装夹纵向进给车削时，床身导轨与车床主轴轴线不平行；<br>④工件装夹伸出较长，车削时因切削力的影响使前端让开，产生锥度；<br>⑤车刀中途逐渐磨损 | ①车削前必须通过调整尾座找正锥度；<br>②必须事先检查小滑板基准刻线与中滑板的“0”刻线是否对准；<br>③调整车床主轴与床身导轨的平行度；<br>④尽量减少工件的伸出长度，或使用一夹一顶装夹，以增加装夹刚度；<br>⑤选用合适的刀具材料，或适当降低切削速度 |
| 圆度超差 | ①车床主轴间隙太大；<br>②毛坯余量不均匀，切削过程中背吃刀量变化太大；<br>③工件用两顶尖装夹时，中心孔接触不良，或后顶尖顶得不紧，或前后顶尖产生径向圆跳动 | ①车削前检查主轴间隙，并调整合适；<br>②半精车后再精车；<br>③工件用两顶尖装夹时，必须松紧适当，若回转顶尖产生径向圆跳动，需及时修理或更换 |

续表 2-34

| 废品种类 | 产生原因 | 预防方法 |
|---|---|---|
| 表面粗糙度达不到要求 | ①车床刚度低，如滑板楔铁太松，传动零件（如带轮）不平衡或主轴太松引起振动；<br>②车刀刚度低或伸出太长引起振动；<br>③工件刚度低引起振动；<br>④车刀几何参数不合理，如选用过小的前角、后角和主偏角；<br>⑤切削用量选择不当 | ①消除或防止由于车床刚度不足而引起的振动（如调整车床各部分的间隙）；<br>②增加车刀刚度和正确装夹车刀；<br>③增加工件的装夹刚度；<br>④选用合理的车道几何参数；<br>⑤进给量不宜太大，精车余量和切削速度要选择恰当 |

2. 各小组选举一名质量监督人员，查看、统计小组完成的工件的废品率、合格率和返修率，并填写表 2-35，完成产品质量统计。

**表 2-35　轴类零件产品质量统计**

| 产品状态 | 数量 | 百分比 | 备　注 |
|---|---|---|---|
| 合格 | | | |
| 返修 | | | |
| 报废 | | | |
| 返修后合格 | | | |
| 返修后报废 | | | |

注：报废产品是指无法进行后续加工，如发生加工事故的工件，或外圆太小，长度太短等。返修产品是指可以进行续加工完善的工件，如工件外圆较大，长度较长等，具体由质量监督人员决定。

# 活动六　工作总结与评价

## 学习目标

1. 结合自身情况，如实撰写工作总结和实训心得。
2. 分析总结小组完成任务的情况，能展示本任务的工作成果。
3. 发现实际操作中的问题，并能提出改进措施。

## 教学时间

2 课时

## 学习准备

工作页、展示白板

## 学习内容

### 一、个人自我评价

学生在分组小组内对本任务完成情况进行评价总结，提出在任务中遇到的困难，并给出设想的解决方法，完成自我评价的撰写。

## 二、小组评价

学生在分组小组内对本任务完成情况进行评价总结，小组内部进行评价，由小组选出优秀组员代表向全班作小组展示总结。

1. 展示的样品符合技术标准吗？

合格□ 良好□ 返修□ 报废□

2. 与其他组相比，本组的加工工艺：

工艺优化□ 工艺合理□ 工艺不合理□

3. 本小组展示总结表达：

很好□ 一般，需要补充□ 不清晰合理□

4. 轴类零件的检测方法：

正确□ 部分正确□ 不正确□

5. 本小组的成员团队协作精神：

良好□ 一般□ 不足□

6. 本小组工件质量的合格率：

良好□ 一般□ 不足□

## 三、教师评价

教师对各小组任务完成情况分别作评价。

1. 找出各小组的优点进行表扬。
2. 对任务完成过程中各组提出的问题或者确定进行点评，提出改进方法。
3. 对整个任务过程中出现的亮点和不足进行点评。
4. 评选出本次任务最优秀加工小组，和本次任务 MVP 学员。

具体评价体系见表 2-36。

**表 2-36 任务评价体系表**

班级：____________ 学生姓名：____________ 学号：____________

| 项 目 | 自我评价 | | | 小组评价 | | | 教师评价 | | |
|---|---|---|---|---|---|---|---|---|---|
| | 10~9 | 8~6 | 5~1 | 10~9 | 8~6 | 5~1 | 10~9 | 8~6 | 5~1 |
| | 占总评 10% | | | 占总评 20% | | | 占总评 70% | | |
| 学习活动 1 | | | | | | | | | |
| 学习活动 2 | | | | | | | | | |
| 学习活动 3 | | | | | | | | | |
| 学习活动 4 | | | | | | | | | |
| 学习活动 5 | | | | | | | | | |
| 安全文明 | | | | | | | | | |
| 操作规范性 | | | | | | | | | |
| 纪律观念 | | | | | | | | | |

续表 2-36

| 项　目 | 自我评价 | | | 小组评价 | | | 教师评价 | | |
|---|---|---|---|---|---|---|---|---|---|
| | 10~9 | 8~6 | 5~1 | 10~9 | 8~6 | 5~1 | 10~9 | 8~6 | 5~1 |
| | 占总评 10% | | | 占总评 20% | | | 占总评 70% | | |
| 工作态度 | | | | | | | | | |
| 工作页质量 | | | | | | | | | |
| 小计 | | | | | | | | | |
| 总评 | | | | | | | | | |

指导教师：　　　　　　年　月　日

# 学习任务三　手电筒筒身外形加工

## · 学习目标

1. 正确阅读加工图纸，明确加工内容，加工数量等。
2. 查阅相关资料，明确加工技术要求，确定加工工艺，并能正确填写加工工艺过程卡片。
3. 识别常用的刀具材料，根据零件的材料和形状特征，通过查阅资料合理选择刀具。
4. 根据加工零件材料、刀具材料和加工性质等因素，查阅切削手册，确定切削用量三要素，并能运用切削速度计算公式，计算相应的转速。
5. 根据实训场地条件，查阅相关资料，确定符合加工技术要求的工、量、夹具，辅助用品和切削液。
6. 正确使用切槽刀和滚花刀，并了解其几何要素。
7. 掌握车槽和切断的加工方法。
8. 掌握滚花的加工方法。
9. 正确掌握圆板牙套螺纹的加工方法。
10. 按照图纸要求，加工出所需的产品。
11. 按照车间规定完成工量具领取单和归还单。
12. 正确地对已加工零件进行测量和产品质量分析。
13. 根据车间 7S 管理方案进行正确地摆放零件和各种工量具等。
14. 主动获取有效信息，展示成果，并能对组员和自我进行有效评价。

## · 建议课时

18 课时

## · 工作情境描述

学校产学研制造部门对车工实训班组所加工的轴类零件较为满意，故将下一步手电筒筒身外表面加工的订单也交予车工实训班组进行加工，产品数量为 50 个，具体加工图纸如图 3-1 所示。

图 3-1 中，$m$ 代表网纹间距大小，M 是机械当中，普通三角形螺纹的简写。

## · 工作流程与活动

1. 筒身外形的工艺分析（2 课时）。

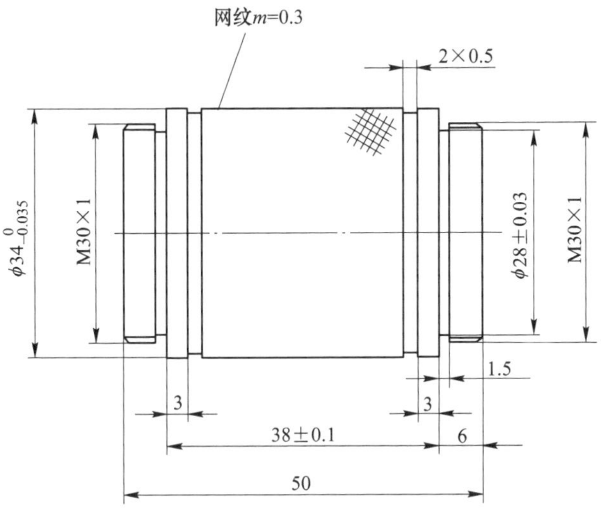


图 3-1　加工图纸

2. 车槽加工（6 课时）。
3. 滚花加工（3 课时）。
4. 筒身外形加工（3 课时）。
5. 筒身外形的测量及误差分析（2 课时）。
6. 工作总结和评价（2 课时）。

# 活动一　筒身外形的工艺分析

## 学习目标

1. 阅读生产任务单，明确加工数量和完成时间。
2. 识读任务图样，明确加工要求、技术要求、尺寸精度等。
3. 认识常用的车刀和量具。
4. 正确识读加工工艺过程卡片，并能按要求填写完成工艺过程卡片。

## 教学时间

2 课时

## 学习准备

工作页、机械手册

## 学习内容

### 一、阅读生产任务清单，明确加工任务

生产任务清单见表 3-1。

表 3-1 生产任务清单

| 需方单位名称 | | | | 完成日期 | | 年 月 日 |
|---|---|---|---|---|---|---|
| 序号 | 产品名称 | 材料 | 数量 | 技术标准、质量要求 | | |
| 1 | 手电筒筒身外形加工 | 45 号钢 | 50 | 按图样要求，毛坯为手电筒轴类零件 | | |
| 2 | | | | | | |
| 3 | | | | | | |
| 生产批准时间 | | 年 月 日 | 批准人 | | | |
| 通知任务时间 | | 年 月 日 | 发单人 | | | |
| 接单时间 | | 年 月 日 | 接单人 | | 生产班组 | 车工实训班组 |

1. 请根据生产任务单（见表 3-1），明确完成的数量和毛坯，并正确填写在下面。

零件的完成数量：________件

零件的毛坯：____________

2. 各个小组根据小组的实际情况接受加工订单数量，将完成数量填在下列表格中，完成表 3-2 填写。

表 3-2 小组产品接单数量

| 任务单位 | | 车工实训班组 | | 完成日期 | | 年 月 日 |
|---|---|---|---|---|---|---|
| 序号 | 产品名称 | 材料 | 数量 | 技术标准、质量要求 | | |
| 1 | 手电筒筒身外形加工 | 45 号钢 | | 按图样要求 | | |
| 2 | | | | | | |
| 3 | | | | | | |
| 接单时间 | | 年 月 日 | 接单人 | | 生产小组 | |

## 二、识读零件图

1. 根据图 3-1，详细说明该零件所需的加工内容有哪些。
2. 该零件的尺寸精度要求有哪些？完成表 3-3 的填写。

**表 3-3 轴类零件尺寸精度分析**

| 尺寸/mm | 加工内容 | 基本尺寸/mm | 公差/mm | 表面粗糙度/μm |
|---|---|---|---|---|
| $\phi 34_{-0.035}^{0}$ | 外圆 | 34 | 0.035 | |
| | | | | |
| | | | | |
| | | | | |
| | | | | |
| | | | | |
| | | | | |

## 三、填写工艺过程卡片

小组讨论，完成手电筒筒身的外形加工的工艺安排，填写表 3-4。本次加工中毛坯材料为任务二中各小组完成的手电筒轴类加工成品，在该零件的基础上继续加工，完成手电筒筒身的外形加工，并切断。

**表 3-4 手电筒外形加工工艺卡片**

| 机械加工工艺过程卡片 | 产品型号 | | 零（部）件图号 | 3-2 | 共 1 页 |
|---|---|---|---|---|---|
| | 产品名称 | 手电筒筒身外形加工 | 零部件名称 | 外形 | 第 1 页 |

| 材料牌号 | 45 号钢 | 毛坯种类 | 锻件 | 毛坯外形尺寸 | 任务二半成品 | 每坯件数 | 1 | 每台件数 | 1 | 备注 | |
|---|---|---|---|---|---|---|---|---|---|---|---|

| 工序号 | 工序名 | 工序内容 | 车间 | 设备 | 工艺装备 | 工时 | |
|---|---|---|---|---|---|---|---|
| | | | | | | 终结 | 单件 |
| 1 | | | | | | | |
| 2 | | | | | | | |
| 3 | | | | | | | |
| 4 | | | | | | | |
| 5 | | | | | | | |
| 6 | | | | | | | |
| 7 | | | | | | | |
| | | | | | | | |
| | | | | | | | |
| | | | | | | | |

| | | | 编制 | 编制日期 | 核对日期 | 会签日期 | 图号 |
|---|---|---|---|---|---|---|---|
| | | | | | | | |
| 标记 | 处数 | 更改文件签字 | | | | | |

# 活动二　车 槽 加 工

## 学习目标

1. 了解沟槽的种类。
2. 正确掌握车槽加工时工件的装夹方式。
3. 正确掌握车槽刀的几何参数及其装夹方法。
4. 正确掌握车槽的方法。
5. 严格按照车间 7S 管理方案进行车间整理、摆放。

## 教学时间

6 课时

## 学习准备

工作页、机械手册、微课视频

## 学习内容

### 一、图纸分析

本次任务图纸如图 3-2 所示。

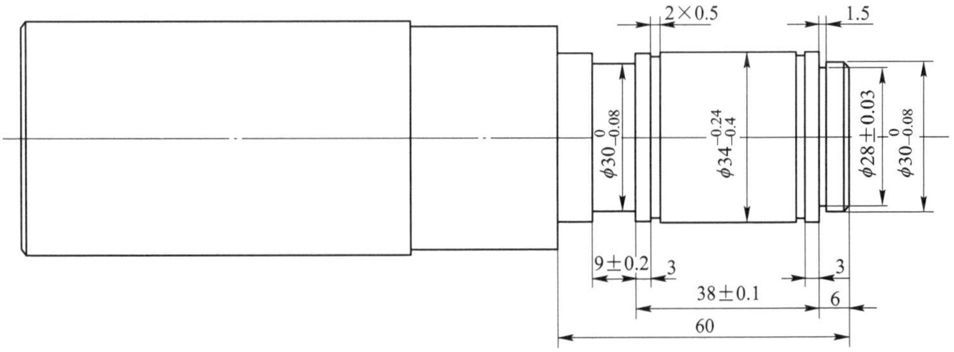


图 3-2　手电筒筒身外形加工-车槽加工图

1. 本次是手电筒筒身外形加工的第一次练习加工，根据图 3-2 所示，写出本次加工需要的加工内容和尺寸精度要求，以及表面粗糙度要求。

2. 本次加工内容中，车槽加工为新知识点，查阅资料，在轴类零件的 4 种装夹方法中，车槽加工时，应采用何种装夹方法，请说明理由。

3. 图 3-2 中槽的标注有哪些标注法？解释 2×0. 5 是什么意思。其余槽是如何表示的？

4. 查阅表 3-5，常用的沟槽有哪些类型，各有什么作用？本次加工的槽属于哪种？

表 3-5 常见的外沟槽及其作用

| 外沟槽 | 图 示 | 作 用 |
|---|---|---|
| 外圆沟槽 | 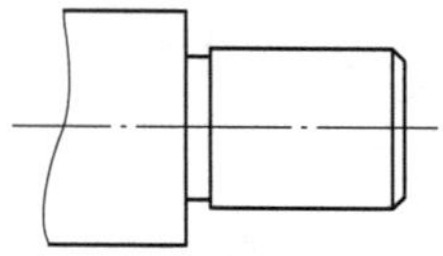 | ①在车螺纹时，起退刀作用；<br>②工艺槽，起美观作用 |
| 45°轴肩槽 | 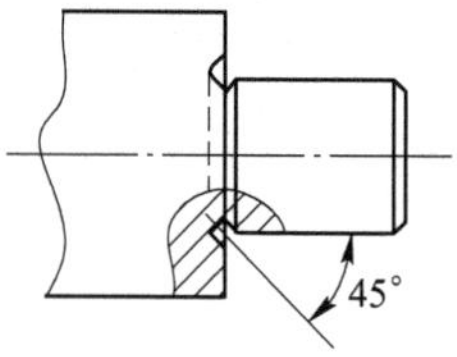 | 工艺槽，避免工件应力集中 |
| 外圆端面轴肩槽 | 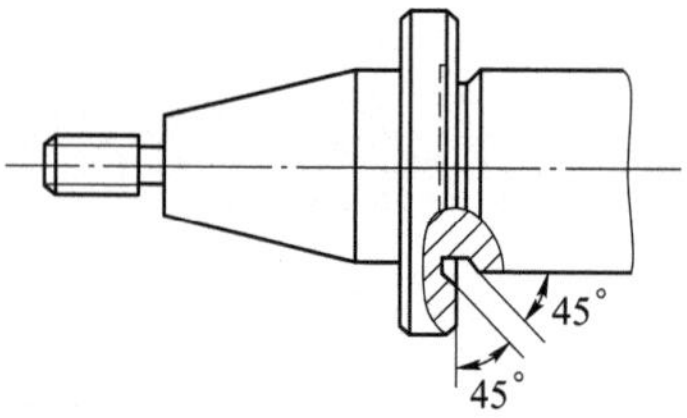 | 工艺槽，避免工件应力集中 |
| 圆弧轴肩槽 | 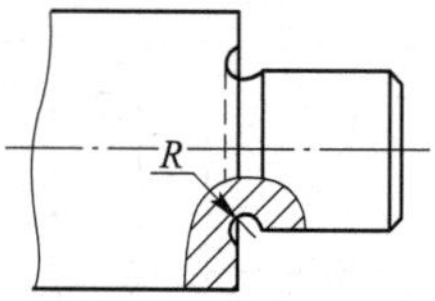 | 工艺槽，避免工件应力集中 |

## 二、领取材料

在指导老师指导下，结合图纸分析，填写领取的工量刀具清单（见表 3-6）。

表 3-6 工量刀具清单

| 序号 | 名称 | 规格 | 数量 | 领用人 |
|---|---|---|---|---|
| 1 | 90°车刀 | 硬质合金可转位车刀 | 1 | |
| 2 | 车槽刀 | 刀头宽度＝ | | |

续表 3-6

| 序号 | 名称 | 规格 | 数量 | 领用人 |
| --- | --- | --- | --- | --- |
| 3 | | | | |
| 4 | | | | |
| 5 | | | | |

## 相关理论

按切削部分材料不同，车槽刀分为高速钢槽刀和硬质合金车槽刀两种。

1. 高速钢车槽如图 3-3 所示。

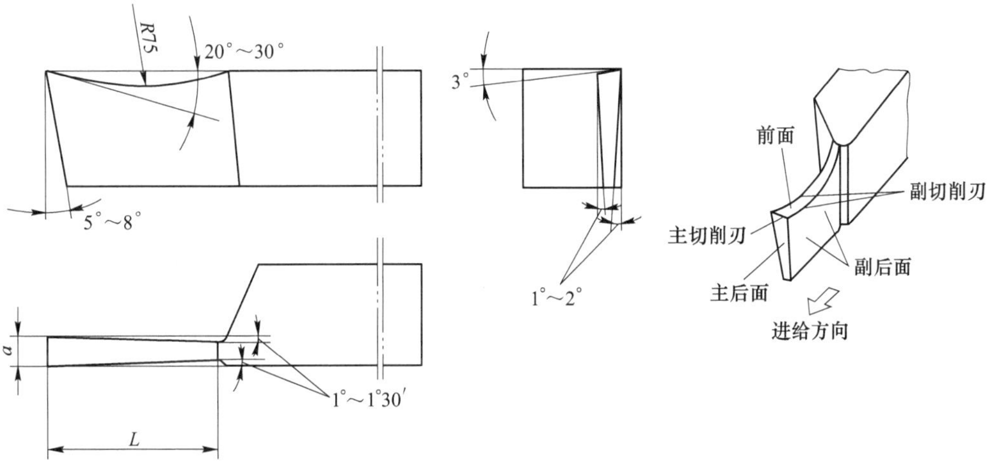


图 3-3　高速钢车槽刀

车槽刀以横向进给为主，前端的切削刃为主切削刃，两侧的切削刃为副切削刃。高速钢车槽刀几何参数选择见表 3-7。

**表 3-7　高速钢车槽刀几何参数的选择原则**

| 角度 | 符号 | 数据和公式 |
| --- | --- | --- |
| 主偏角 | $\kappa_r$ | $\kappa_r = 90°$ |
| 副偏角 | $\kappa_r'$ | 取 $\kappa_r' = 1° \sim 1°30'$ |
| 前角 | $\gamma_o$ | 切断中碳钢工件时，通常取 $\gamma_o = 20° \sim 30°$；切断铸铁工件时，通常取 $\gamma_o = 0° \sim 10°$；前角由 $R75$ mm 的弧形面自然形成 |
| 主后角 | $\alpha_o$ | 一般取 $\alpha_o = 5° \sim 7°$ |
| 副后角 | $\alpha_o'$ | 切断刀有两个对称的副后角 $\alpha_o' = 1° \sim 2°$ |
| 刃倾角 | $\lambda_s$ | 主切削刃要左高右低，取 $\lambda_s = 3°$ |

续表 3-7

| 角度 | 符号 | 数据和公式 |
|---|---|---|
| 主切削刃宽度 | $a$ | 一般采用经验公式计算：<br>$$a \approx (0.5 \sim 0.6)\sqrt{d}$$<br>式中 $d$——工件直径，mm |
| 刀头长度 | $L$ | 计算公式为：<br>$$L = h + (2 \sim 3)$$<br>式中 $h$——切入深度，mm。<br>切断实心工件时，切入深度等于工件的半径；切断空心工件时，切入深度等于工件的壁厚，如下所示：<br>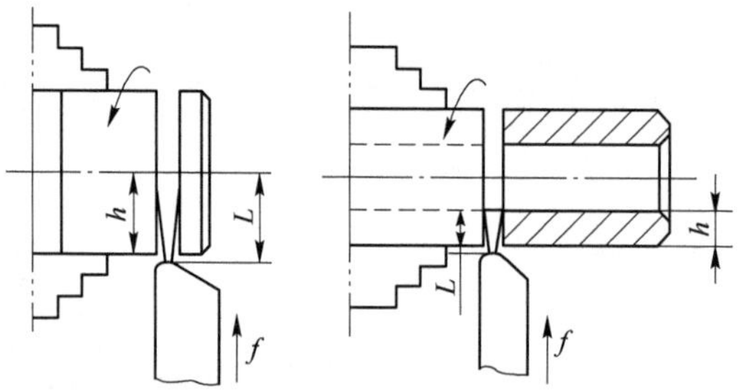 |

2. 图 3-4 为硬质合金车槽刀，为了提高刀头的支撑刚度，常将车槽刀的刀头下部做成凸圆弧形。高速车削时，如果硬质合金车刀的主切削刃采用平直刃，那么切削宽度和工件槽宽相等，容易堵塞在槽内而不易排出。为了顺利排屑，可将主切削刃两边倒角或磨成“人”字形。由于高速车削时，产生的热量很大，为防止刀片脱焊，在开始车削时就应该充分浇筑切削液。

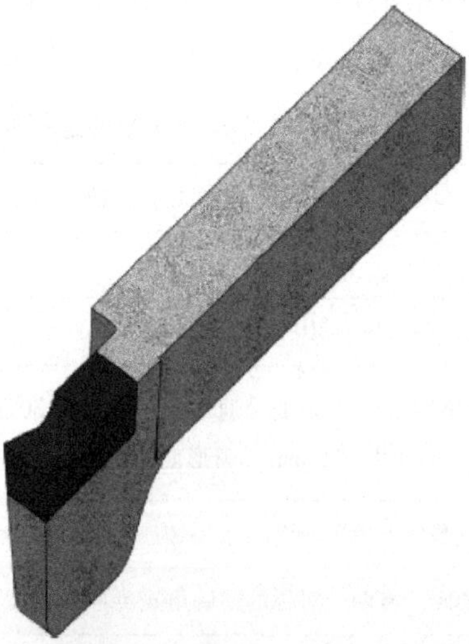

图 3-4 硬质合金车槽刀

3. 为了节省高速钢，车槽刀可以做成片状，装夹在弹性刀柄上，如图 3-5 所示。弹性车槽刀的优点是：当进给量过大时，弹性刀柄会因受力而产生变形，由于刀柄的弯曲中心在上面，所以刀头就会自动向后退让，从而避免了因扎刀而导致车槽刀折断的现象。

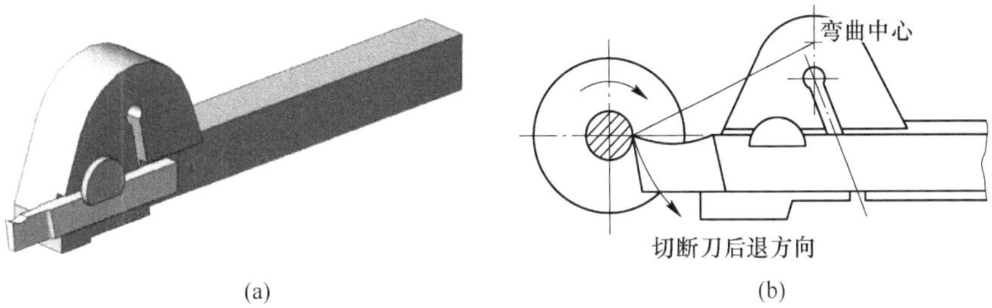


图 3-5　弹性车槽刀及应用

（a）弹性刀；（b）应用

4. 切断直径较大的工件时，由于刀头较长，刚度很低，很容易产生振动，这时可采用反向切断法，即工件反转，用反切刀切断，如图 3-6 所示。反向切断时，作用在工件上的切削力 $F_c$ 与工件重力 $G$ 方向一致，这样不容易产生振动；并且切屑向下排出，不容易在槽中堵塞。

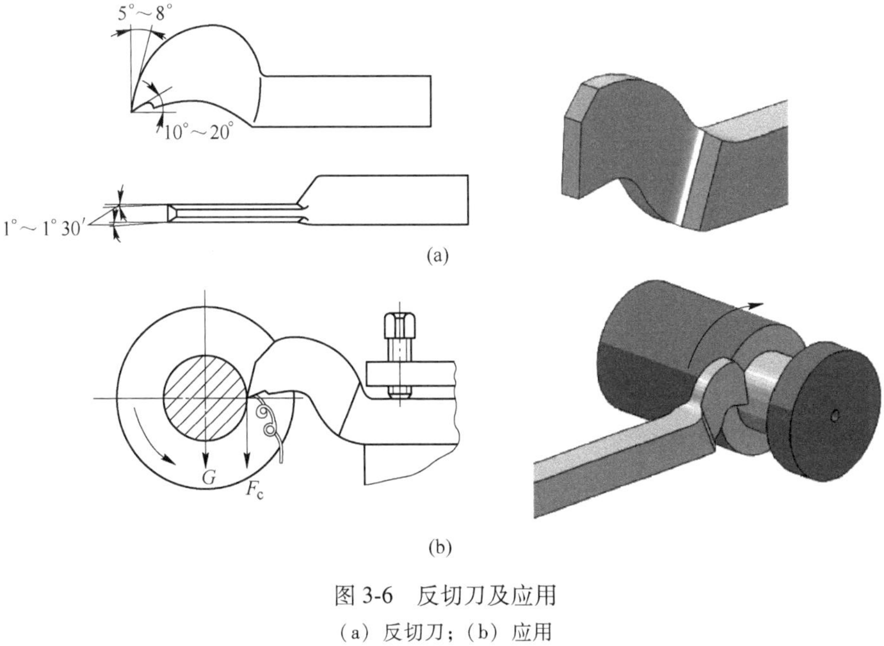


图 3-6　反切刀及应用

（a）反切刀；（b）应用

### 三、工艺步骤及零件加工

1. 本次任务零件加工工序见表 3-8，请各个小组按要求完成加工工序卡片，并按照工序卡片上的工步完成零件的加工。

表 3-8 切槽加工工序卡片

| 机械加工工序卡片 | 产品型号 | | 零件图号 | | | |
| --- | --- | --- | --- | --- | --- | --- |
| | 产品名称 | | 零件名称 | | 共 页 | 第 页 |

| 车间 | 工序号 | 工序名称 | 材料牌号 |
| --- | --- | --- | --- |
| | | | |
| 毛坯种类 | 毛坯外形尺寸 | 每毛坯可制件数 | 每台件数 |
| | | | |
| 设备名称 | 设备型号 | 设备编号 | 同时加工件数 |
| | | | |

| 夹具编号 | 夹具名称 | 切削液 | |
| --- | --- | --- | --- |
| | | | |
| 工位器具编号 | 工位器具名称 | 工序工时/min | |
| | | 准终 | 单件 |
| | | | |

| 工步号 | 工步内容 | 工艺装备 | 主轴转速 /r·min$^{-1}$ | 切削速度 /m·min$^{-1}$ | 进给量 /mm·r$^{-1}$ | 背吃刀量 /mm | 进给次数 | 工步工时 | |
| --- | --- | --- | --- | --- | --- | --- | --- | --- | --- |
| | | | | | | | | 机动 | 辅助 |
| 1 | | | | | | | | | |
| 2 | | | | | | | | | |
| 3 | | | | | | | | | |
| 4 | | | | | | | | | |
| 5 | | | | | | | | | |
| 6 | | | | | | | | | |
| | | | | | | | | | |
| | | | | | | | | | |

| | | | | | | | | | | 设计（日期） | 校对（日期） | 审核（日期） | 标准化（日期） | 会签（日期） |
| --- | --- | --- | --- | --- | --- | --- | --- | --- | --- | --- | --- | --- | --- | --- |
| 标记 | 处数 | 更改文件号 | 签字 | 日期 | 标记 | 处数 | 更改文件号 | 签字 | 日期 | | | | | |

2. 在表 3-9 中，根据图例及车削步骤，填写完整车槽加工过程。

**表 3-9 车槽加工过程**

| 车削步骤 | 车削内容 | 图示 |
|---|---|---|
| ①装夹工件 | 将工件一端用三爪自定心卡盘装夹好，另一端用后顶尖顶好，采用________装夹方式 | 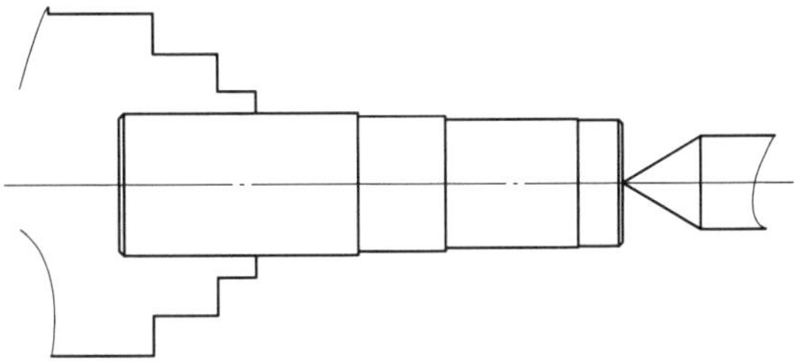 |
| ②粗、精车外圆 | • 粗车外圆 $\phi$34 mm×60 mm 至外圆________mm，剩________mm 精车余量；<br>• 粗车外圆 $\phi$30 mm×6 mm 至外圆________mm，剩________mm 精车余量；<br>• 精车各级外圆至尺寸；<br>• 倒角 | 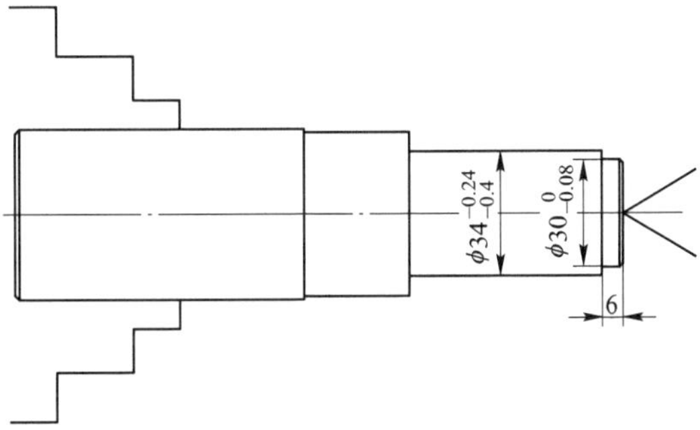 |
| ③车窄槽 | • 装夹刀头宽度为________mm 的车槽刀，并调至加工刀位；<br>• 装刀时，车槽刀的伸出长度至少为________mm，如伸出长度太短会____________，伸出长度太长，会__________；<br>• 车槽刀有两个刀尖，对刀时以左刀尖为对刀点，将车刀向主轴方向进刀________mm；<br>• 将车槽刀横向进给，车槽保证槽深度为______mm，外圆为________mm；<br>• 车槽，转速=______r/min；<br>• 一般采用________进给方式 | 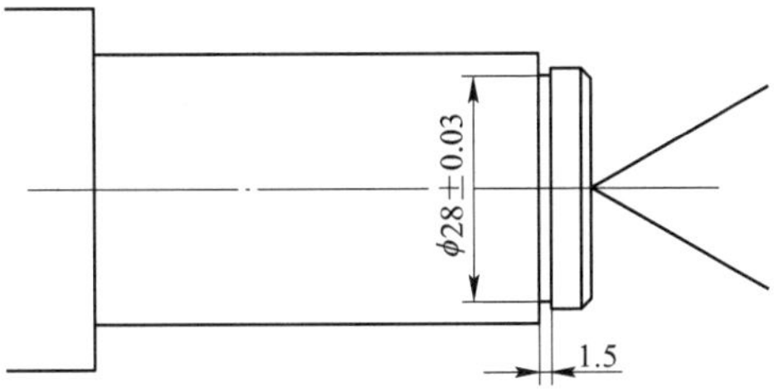 |

续表 3-9

| 车削步骤 | 车削内容 | 图示 |
| --- | --- | --- |
| ④车宽槽 | • 装夹刀头宽度为________mm 的车槽刀，并调至加工刀位；<br>• 将槽刀对刀完毕，车刀向主轴方向进给________mm；<br>• 车槽刀粗车横向进给至槽深________mm，外圆为________mm；<br>• 两侧余________mm 精加工余量；<br>• 采用多次车槽法，需偏移车刀________次；<br>• 精车该槽至尺寸；<br>• 粗车，转速=________r/min 精车，转速=________r/min | 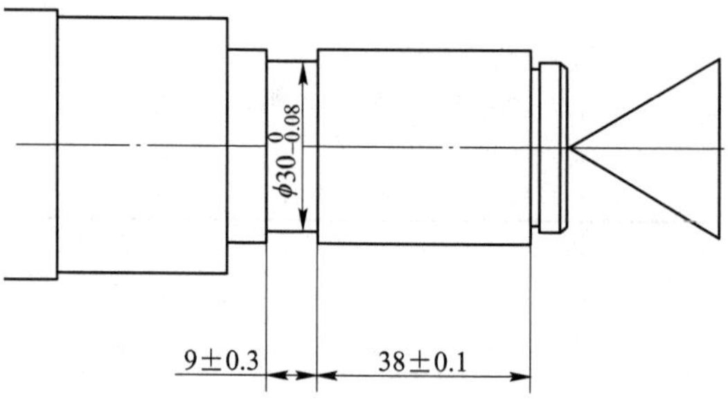 |
| ⑤车槽 | • 装夹刀头宽度为________mm 的车槽刀，并调至加工刀位；<br>• 将槽刀对刀完毕，车刀向主轴方向进给________mm；<br>• 车槽刀粗车横向进给至槽深 0.5 mm，中滑板进________格；<br>• 第一个槽加工完毕后，退刀，再纵向进刀________mm；<br>• 同③加工另一个槽；<br>• 车槽，转速=________r/min | 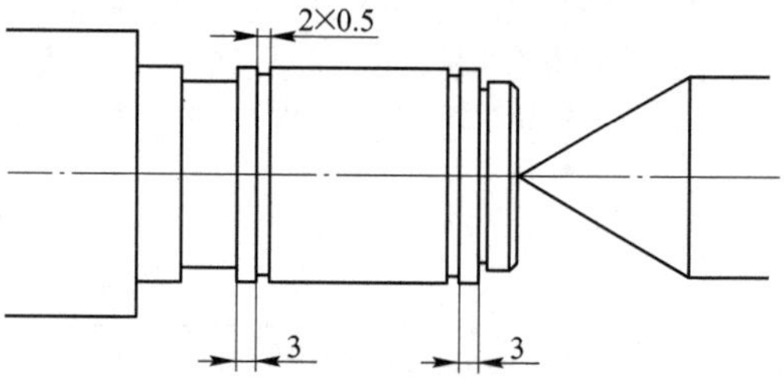 |

3. 对已完成的零件进行检测，并填写完成检测评价表 3-10。

**表 3-10 手电筒筒身外形加工 1 车槽评价表**

| 序号 | 考核项目 | 考查内容及要求 | 分数 | 评分标准 | 自评 | 组评 | 师评 |
| --- | --- | --- | --- | --- | --- | --- | --- |
| 1 | 外圆 | $\phi34_{-0.4}^{-0.24}$ mm | 8 | 超差不得分 | | | |
| 2 | | $\phi30_{-0.08}^{0}$ mm | 8 | 超差不得分 | | | |
| 3 | 长度 | 60 mm | 6 | 超差不得分 | | | |
| 4 | | (38±0.1) mm | 8 | 超差不得分 | | | |
| 5 | | 6 mm | 6 | 超差不得分 | | | |
| 6 | | 3 mm(2 处) | 4 | 超差不得分 | | | |
| 7 | 倒角 | *C*1 倒角（2 处） | 6 | 未倒不得分 | | | |

续表 3-10

| 序号 | 考核项目 | 考查内容及要求 | 分数 | 评分标准 | 自评 | 组评 | 师评 |
|---|---|---|---|---|---|---|---|
| 8 | 槽 | 1. 5×$\phi$28 mm±0. 03 mm | 10 | 超差不得分 | | | |
| 9 | | 2×0. 5 mm(2 处) | 10 | 超差不得分 | | | |
| 10 | | (9±0. 02) mm | 10 | 超差不得分 | | | |
| 11 | 表面粗糙度 | $Ra$3. 2 μm | 4 | 超差不得分 | | | |
| 12 | 7S 管理 | 工量具使用情况 | 5 | 不符合要求酌情扣分 | | | |
| 13 | | 车床保养整理 | 5 | 不符合要求酌情扣分 | | | |
| 14 | 安全操作 | 安全操作机床 | 5 | 一处不合格扣 2 分，<br>发生重大事故取消资格 | | | |
| 15 | | 工作服穿着 | 5 | 一处不合格扣 2 分 | | | |

## 相关理论

1. 由于车槽刀的刀头强度较低，在选择切削用量时应当适当减少其数值。总之，硬质合金车刀比高速钢车槽刀选用的切削用量要大，车削钢料时的切削速度比车削铸铁材料时的切削速度要高，而进给量要略小一些。

（1）车槽为横向进给车削，背吃刀量是垂直于已加工表面方向所量得的切削层宽度的数值，所以车槽时的背吃刀量等于车槽刀主切削刃宽度。

（2）车槽时进给量和切削速度的选择见表 3-11。

**表 3-11 车槽时进给量和切削速度的选择**

| 刀具材料 | 高速钢车槽刀 | | 硬质合金车槽刀 | |
|---|---|---|---|---|
| 工件材料 | 钢料 | 铸铁 | 钢料 | 铸铁 |
| 进给量 $f$/mm · $r^{-1}$ | 0. 05~0. 1 | 0. 1~0. 2 | 0. 1~0. 2 | 0. 15~0. 25 |
| 切削速度 $v_c$/m · $min^{-1}$ | 30~40 | 15~25 | 80~120 | 60~100 |

2. 车槽的方法如下：

（1）车精度不高且宽度较窄的沟槽时，可用主切削刃宽度 $a$ 等于槽宽的车槽刀，采用直进法一次进给车出，如图 3-7（a）所示。

（2）车削宽度较大的沟槽时，可用多次直进法切削，如图 3-7（b）所示，并在槽壁两侧留有精车余量，然后根据槽深和槽宽精车至尺寸要求。

3. 沟槽的检测方法如下：

（1）对于精度要求一般的槽，宽度较窄，可用游标卡尺测量其直径，如图 3-8（a）所示，用钢直尺测量其槽宽，如图 3-8（b）所示，其宽度也可用游标卡尺测量。

（2）对于精度要求较低的槽，可用钢直尺和外卡钳分别测量其宽度和直径，如图 3-9 所示。

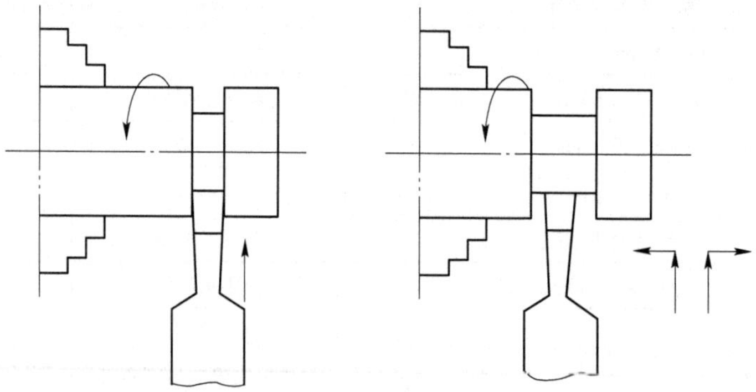

(a) (b)

图 3-7 车外槽

（a）车窄槽；（b）车宽槽

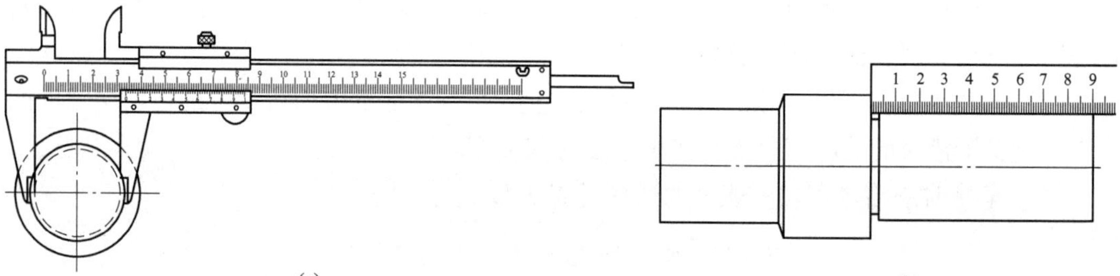

(a) (b)

图 3-8 精度一般的窄槽测量

（a）游标卡尺；（b）钢直尺

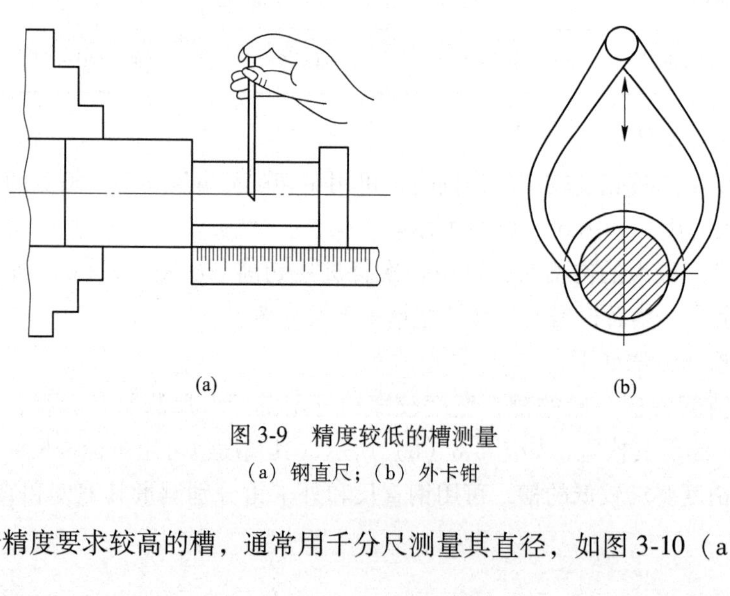

(a) (b)

图 3-9 精度较低的槽测量

（a）钢直尺；（b）外卡钳

（3）对于精度要求较高的槽，通常用千分尺测量其直径，如图 3-10（a）所示，并用样板检查其宽度，如图 3-10（b）所示。

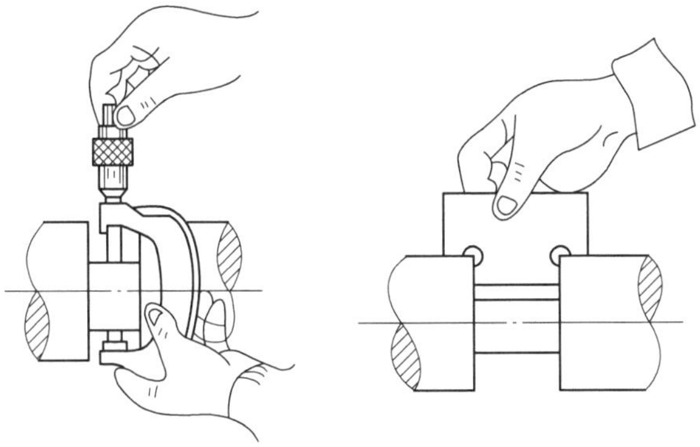

(a)　　(b)

图 3-10　精度较高的槽测量

（a）千分尺测量；（b）样板检测

# 活动三　滚 花 加 工

## 学习目标

1. 正确选用、装夹滚花刀。
2. 正确掌握滚花的车削技能。
3. 遵守滚花时的安全技术规程。

## 教学时间

3 课时

## 学习准备

工作页、机械手册、微课视频

## 学习内容

### 一、图纸分析

本次任务图纸如图 3-11 所示。

1. 本次加工与上节车槽活动加工产品，出现了新操作滚花加工，查阅资料，滚花加工时容易出现工件位移现象，所以滚花加工应安排在哪些工步间比较合适？

2. 由于滚花时工件表面产生塑性变形，在滚花外圆时，如何确定外圆直径？

## 相关理论

滚花的花纹的种类和选择见表 3-12。

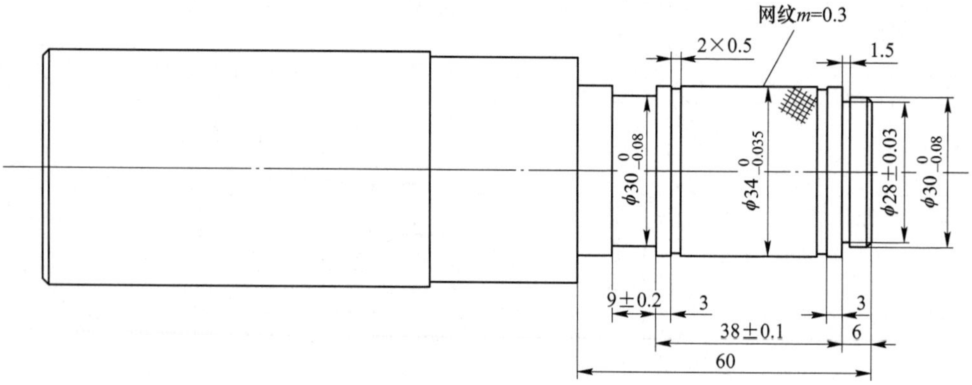


图 3-11 手电筒筒身外形加工-滚花加工

**表 3-12 滚花花纹的种类和选择**

<table>
<tr><th>内容</th><th>图 例</th><th>说 明</th></tr>
<tr><td>滚花花纹的种类和选择</td><td><br>直花纹 斜花纹 网纹<br>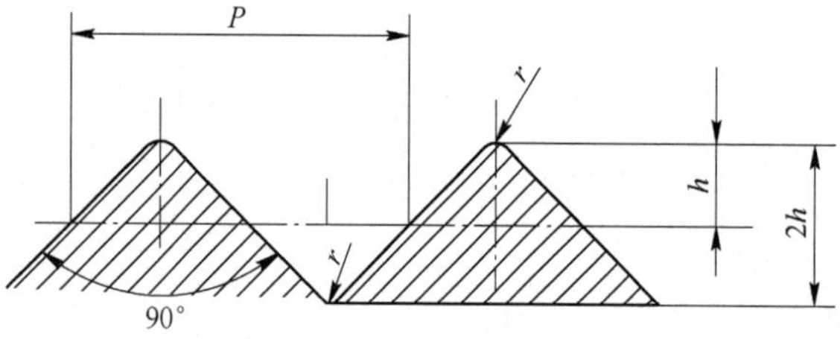<br><br>滚花花纹的各部分尺寸 (mm)
<table>
<tr><th>模数</th><th>h</th><th>r</th><th>节距 P=πm</th></tr>
<tr><td>0. 2</td><td>0. 132</td><td>0. 06</td><td>0. 628</td></tr>
<tr><td>0. 3</td><td>0. 198</td><td>0. 09</td><td>0. 942</td></tr>
<tr><td>0. 4</td><td>0. 264</td><td>0. 12</td><td>1. 257</td></tr>
<tr><td>0. 5</td><td>0. 326</td><td>0. 16</td><td>1. 571</td></tr>
</table></td><td>①滚花花纹有直纹、斜纹和网纹 3 种。花纹有粗细之分，并用模数 m 区分。模数越大，花纹越粗。花纹的粗细由节距的大小决定；<br>②滚花花纹的粗细应根据工件滚花表面的直径大小选择，直径大选用大模数花纹，直径小则选择小模数花纹；<br>③随着花纹的形成，滚花后工件的直径会增大，在滚花前的表面直径应根据工件材料的性质和模数 m 的大小相应车小 (0. 8~1. 5)m；<br>④h=0. 785m-0. 414r；<br>⑤模数 m=0. 3 mm 的网纹滚花标记为：网 纹 m0. 3 (GB/T 6403. 3—2008)</td></tr>
</table>

## 二、领取材料

在指导老师指导下，结合图纸分析，填写领取的工量刀具清单表 3-13。

**表 3-13　工量刀具清单**

| 序号 | 名称 | 规　　格 | 数量 | 领用人 |
| --- | --- | --- | --- | --- |
| 1 | 90°车刀 | 硬质合金可转位车刀 | 1 | |
| 2 | 滚花刀 | | | |
| 3 | | | | |
| 4 | | | | |
| 5 | | | | |

## 相关理论

滚花刀的种类及其作用见表 3-14。

**表 3-14　滚花刀的种类**

<table>
<tr><td>种类</td><td>单轮滚花刀</td><td>双轮滚花刀</td><td>六轮滚花刀</td></tr>
<tr><td>图例</td><td>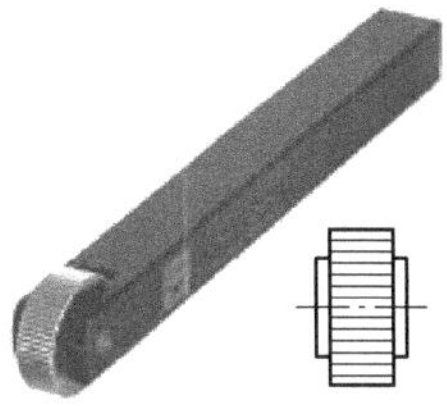</td><td>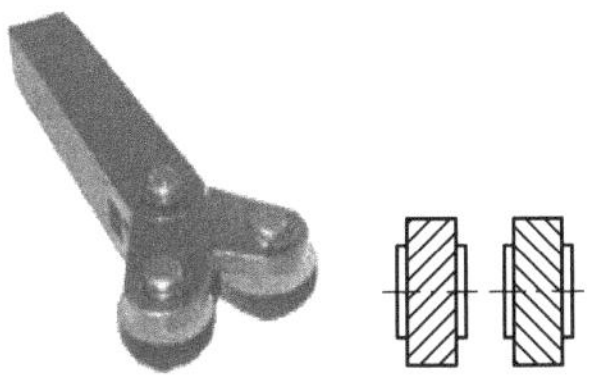</td><td></td></tr>
<tr><td>结构</td><td>由直纹滚轮和刀柄组成</td><td>由两只旋向不同的滚轮、浮动连接头及刀柄组成</td><td>由 3 对不同模数的滚轮，通过浮动连接头与刀柄组成一体</td></tr>
<tr><td>用途</td><td>滚直纹</td><td>滚网纹</td><td>可根据需要滚 3 种不同模数的网纹</td></tr>
<tr><td>装刀</td><td colspan="3">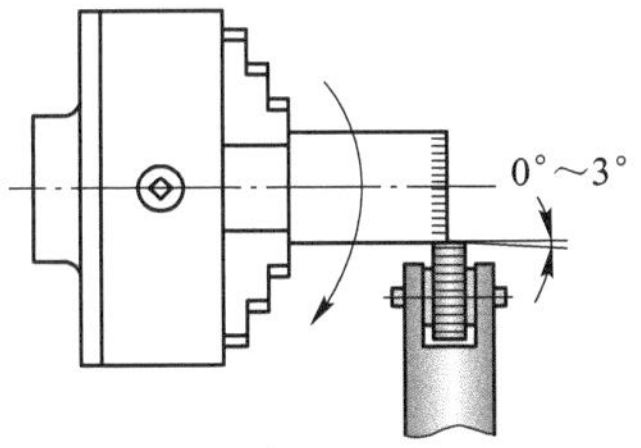<br><br>①滚压有色金属或滚花面要求较高时，滚花刀滚轮轴线与工件轴线平行；<br>②滚压碳素钢或滚花表面要求一般的工件，可以使滚花刀刀尾向左偏移 3°～5°装夹，以便切入工件表面且不易产生乱纹</td></tr>
</table>

### 三、工艺步骤及零件加工

1. 在完成本次加工任务前，为了防止产生过多的废品，加工小组需先根据表 3-15 所示滚花的步骤和图示完成滚花轴网纹 $m=0.3$ 练习（毛坯为废料），并填写完整滚花操作内容及要求。

**表 3-15 滚花练习步骤**

| 步　骤 | 操作内容 | 图　示 |
|---|---|---|
| ①选择、装夹滚花刀 | • 选择________滚花刀；<br>• 装滚花刀，要求滚花刀的________与工件________等高，并使滚花刀的________相对于工件表面向左倾斜________ |  |
| ②手动试切 | • 手动试切，使滚轮表面约________的宽度与工件接触，滚花刀就容易压入工件表面，开切削液；<br>• 选用转速 $n$=________r/min；<br>• 停车检查花纹是否正确，当花纹正确后开始进给 |  |
| ③循环滚压 | • 滚压________次，直至花纹凸显出来为止；<br>• 进给量 $f$=________mm/r |  |
| ④停车检验 | • 观察花纹是否合格；<br>• 要经常清除滚花刀滚轮内的切屑 |  |

2. 填写本次加工的工序卡片表 3-16，并完成手电筒筒身外形的滚花加工。

**表 3-16 滚花加工工序卡片**

| | | | | | | |
|---|---|---|---|---|---|---|
| 机械加工工序卡片 | 产品型号 | | 零件图号 | | | |
| | 产品名称 | | 零件名称 | | 共 页 | 第 页 |

| | | | | |
|---|---|---|---|---|
| 车间 | 工序号 | 工序名称 | 材料牌号 | |
| | | | | |
| 毛坯种类 | 毛坯外形尺寸 | 每毛坯可制件数 | 每台件数 | |
| | | | | |
| 设备名称 | 设备型号 | 设备编号 | 同时加工件数 | |
| | | | | |
| 夹具编号 | 夹具名称 | | 切削液 | |
| | | | | |
| 工位器具编号 | 工位器具名称 | | 工序工时/min | |
| | | | 准终 | 单件 |
| | | | | |

| 工步号 | 工步内容 | 工艺装备 | 主轴转速 $/r\cdot min^{-1}$ | 切削速度 $/m\cdot min^{-1}$ | 进给量 $/mm\cdot r^{-1}$ | 背吃刀量 /mm | 进给次数 | 工步工时 机动 | 工步工时 辅助 |
|---|---|---|---|---|---|---|---|---|---|
| 1 | | | | | | | | | |
| 2 | | | | | | | | | |
| 3 | | | | | | | | | |
| 4 | | | | | | | | | |
| 5 | | | | | | | | | |
| 6 | | | | | | | | | |
| | | | | | | | | | |
| | | | | | | | | | |

| | | | | | | | | | | | | | | |
|---|---|---|---|---|---|---|---|---|---|---|---|---|---|---|
| | | | | | | | | | | 设计（日 期） | 校对（日期） | 审核（日期） | 标准化（日期） | 会签（日期） |
| 标记 | 处数 | 更改文件号 | 签字 | 日期 | 标记 | 处数 | 更改文件号 | 签字 | 日期 | | | | | |

## 操作提示

滚花注意事项如下：

1. 滚花刀装夹在车床刀架上，滚花刀的装刀（滚轮）中心与工件回转中心等高。

2. 在滚花刀开始滚压时，挤压力要大且猛一些，使工件圆周上一开始就形成较深的花纹，这样就不易产生乱纹。

3. 为了减小滚花开始时的背向力，可以使滚轮表面宽度的1/3～1/2与工件表面接触，使滚花刀容易切入工件表面。停车检查花纹符合要求后，即可纵向机动进给。反复滚压1～3次，直至花纹凸出达到要求为止。

4. 滚花时，应选低的切削速度，一般为5～10 mm/min。纵向进给量选择大些，一般为0.3～0.6 mm/r。

5. 滚花时，应充分浇注切削液以润滑滚轮并防止滚轮发热损坏，并经常清除滚压产生的碎屑。

6. 滚花时的背向力很大，所以车床的刚度应该较高，工件装夹必须牢靠。

7. 在滚压过程中，绝对不能用手或棉纱去接触滚压表面，以防手指被卷入。

8. 滚压细长工件时应防止工件弯曲，滚压薄壁工件时应防止工件变形。

# 活动四　筒身外形加工

## 学习目标

1. 正确掌握圆板牙的结构。
2. 正确掌握圆板牙套螺纹的车削技能。
3. 遵守板牙加工时的安全技术规程。
4. 掌握切断的加工方法。
5. 完成手电筒筒身外形加工。

## 教学时间

3课时

## 学习准备

工作页、机械手册、微课视频

## 学习内容

### 一、图纸分析

本次任务图纸如图3-1所示。

1. 本次加工的最终产品，具体如图3-1所示，该成品为手电筒筒身外形，本次所使用的毛坯料为活动三任务1所完成的半成品，故根据毛坯形状和图纸分析，本次加工内容有哪些？

2. 查阅资料，根据机械制图所学，解析螺纹标识 M30×1 的具体含义。

3. 组成外三角形螺纹的各部分几何要素有哪些，如图 3-12 所示？解释一下各几何要素的含义。

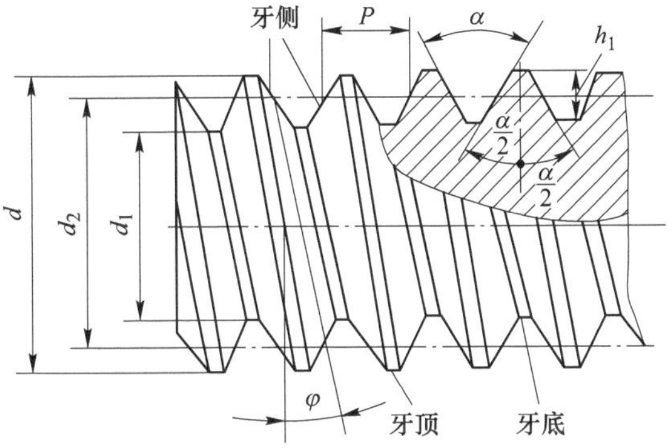


图 3-12　外螺纹要素

4. 查阅资料，常用的螺纹加工有哪几种加工方法？

## 二、领取材料

在指导老师指导下，结合图纸分析，填写领取的工量刀具清单（见表 3-17）。

**表 3-17　工量刀具清单**

| 序号 | 名称 | 规　　格 | 数量 | 领用人 |
|---|---|---|---|---|
| 1 | 90°车刀 | 硬质合金可转位车刀 | 1 | |
| 2 | | | | |
| 3 | | | | |
| | | | | |
| | | | | |

# 相关理论

### 圆板牙套螺纹

1. 圆板牙大多用合金钢制成，它是一种标准的多刃螺纹加工工具，其结构如图 3-13 所示。它像一个圆螺母，圆板牙上有 4~6 个排屑孔，排屑孔与圆板牙内螺纹相交处为切削刃，圆板牙两端的锥角都是切削部分，因此正反都可使用。圆板牙中间完整的齿深为螺纹牙型的校正部分。螺纹的规格和螺距标注在圆板牙端面上。

2. 板牙铰杠是手工套螺纹时的辅助工具，其结构如图 3-14 所示。板牙铰杠的外圆旋

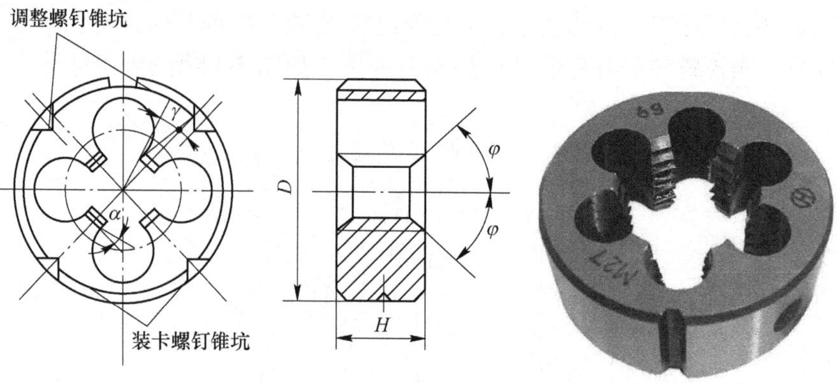


图 3-13 圆板牙的结构

有四只紧定螺钉和一只调松螺钉，使用时紧定螺钉将板牙紧固在铰杠中，并转递套螺纹时的转矩。当使用的圆板牙带有 V 形调整槽时，通过调节上面两只紧定螺钉和调整螺钉，可使板牙螺纹直径在一定的范围内变动。

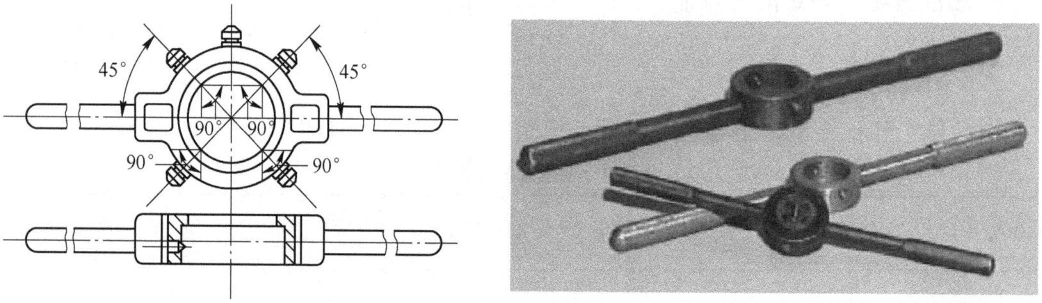


图 3-14 板牙铰杠结构图

3. 套螺纹时，工件外圆比螺纹的公称尺寸略小，其直径可按下列近似公式计算：

$$d_0 \approx d - (0.13 \sim 0.15)P$$

式中 $d_0$——套螺纹前的外圆直径，mm；

$d$——螺纹大径，mm；

$P$——螺距，mm。

4. 套螺纹时，不同材料对应的切削速度如表 3-18 所示。

**表 3-18 不同材料套螺纹的切削速度** （m/min）

| 工件材料 | 钢件 | 铸件 | 黄铜 |
|---|---|---|---|
| 切削速度 | 3~4 | 2~5 | 6~9 |

## 三、工艺步骤及零件加工

1. 本次任务零件加工工序见表 3-19，请各个小组按要求完成加工工序卡片，并按照工序卡片上的工步完成零件的加工。

**表 3-19　螺纹加工工序卡片**

| 机械加工工序卡片 | 产品型号 | | 零件图号 | | | |
|---|---|---|---|---|---|---|
| | 产品名称 | | 零件名称 | | 共　页 | 第　页 |

| 车间 | 工序号 | 工序名称 | 材料牌号 |
|---|---|---|---|
| | | | |
| 毛坯种类 | 毛坯外形尺寸 | 每毛坯可制件数 | 每台件数 |
| | | | |
| 设备名称 | 设备型号 | 设备编号 | 同时加工件数 |
| | | | |

| 夹具编号 | 夹具名称 | 切削液 | |
|---|---|---|---|
| | | | |
| 工位器具编号 | 工位器具名称 | 工序工时/min | |
| | | 准终 | 单件 |
| | | | |

| 工步号 | 工步内容 | 工艺装备 | 主轴转速 /$r \cdot min^{-1}$ | 切削速度 /$m \cdot min^{-1}$ | 进给量 /$mm \cdot r^{-1}$ | 背吃刀量 /mm | 进给次数 | 工步工时 | |
|---|---|---|---|---|---|---|---|---|---|
| | | | | | | | | 机动 | 辅助 |
| 1 | | | | | | | | | |
| 2 | | | | | | | | | |
| 3 | | | | | | | | | |
| 4 | | | | | | | | | |
| 5 | | | | | | | | | |
| 6 | | | | | | | | | |
| | | | | | | | | | |
| | | | | | | | | | |

| | | | | | | | | | | 设计（日期） | 校对（日期） | 审核（日期） | 标准化（日期） | 会签（日期） |
|---|---|---|---|---|---|---|---|---|---|---|---|---|---|---|
| 标记 | 处数 | 更改文件号 | 签字 | 日期 | 标记 | 处数 | 更改文件号 | 签字 | 日期 | | | | | |

2. 在表 3-20 中根据图例及车削步骤，填写完整手电筒筒身外形加工过程。

**表 3-20 手电筒筒身外形加工过程**

| 车削步骤 | 车削内容 | 图示 |
|---|---|---|
| ①装夹工件 | 将工件一端用三爪自定心卡盘装夹好，采用________装夹方式 | 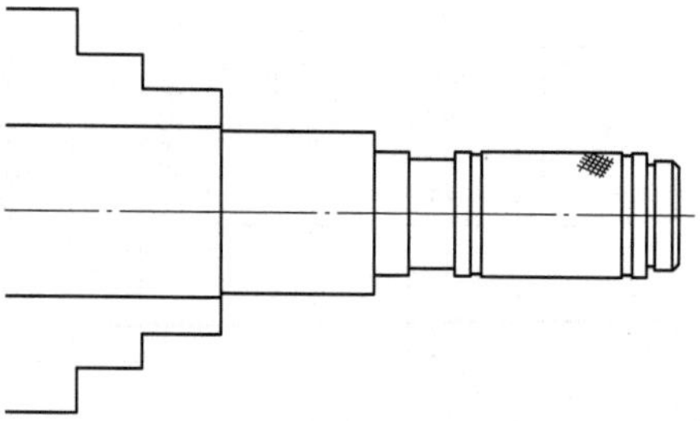 |
| ②调整车床 | • 套螺纹前必须找正尾座，使之与________轴线重合，水平方向的偏移量不得大于 0. 05 mm；<br>• 选择套螺纹时的切削速度为________m/min，即把车床调整到________r/min 的转速 | |
| ③安装套螺纹工具 | • 先将套螺纹工具体的锥柄部装在尾座套筒锥孔内；<br>• 将圆板牙装入滑动套筒内，待紧定螺钉对准圆板牙上的锥坑后拧紧；<br>• 将尾座接近工件一定距离处（约________mm）固定；<br>• 转动尾座手轮，使圆板牙靠近工件端面，开切削液 | 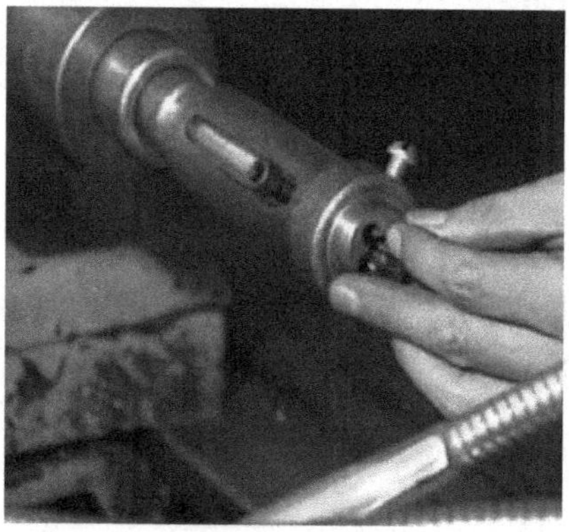 |
| ④套螺纹 | • 转动尾座手轮使圆板牙切入工件，转动手轮，由滑动套筒在工具体的导向键槽中随着板牙沿工件轴线自动进给切削 M30×1 的螺纹；<br>• 当圆板牙进入工件到所需位置（________mm）处，开车反转使主轴反转，退出板牙；<br>• 进给量 $f$=________mm/r | 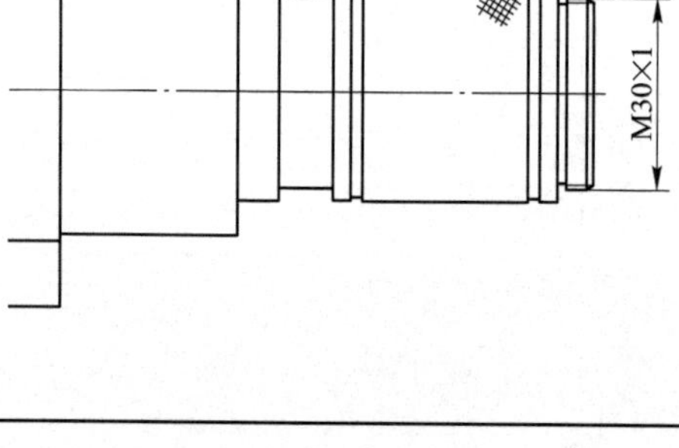 |

续表 3-20

| 车削步骤 | 车削内容 | 图　示 |
|---|---|---|
| ⑤切断 | • 装夹刀头宽度为________mm 的切断刀，并调至加工刀位；<br>• 切断，转速=________r/min；<br>• 工件接近切断时，可以停车，使用锤子敲击工件，使工件切断；<br>• 工件剩余部分为下续任务材料，勿丢 | 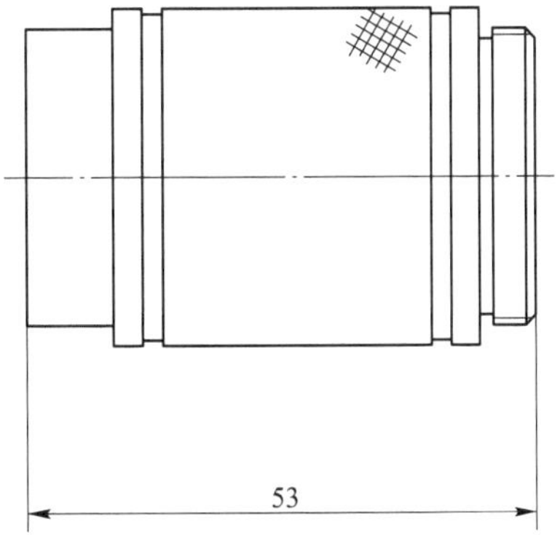 |
| ⑥掉头装夹 | • 将工件安装在三爪自定心卡盘上，因工件表面为网纹，故为了不损伤工件，采取铜片包裹工件，进行装夹；<br>• 装夹后找正，使工件中心轴线与车床________轴线重合 | 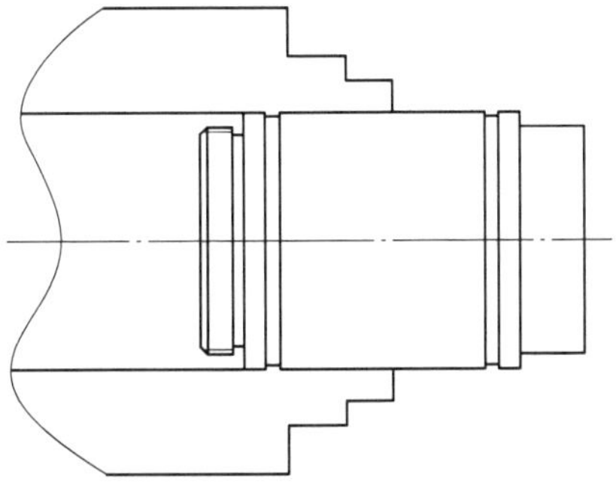 |
| ⑦车端面，保证总长 | • 将________车刀装至车刀加工位；<br>• 车端面，保证总长________mm；<br>• 倒角 C1；<br>• 车端面，采用的车床速度为________r/min | 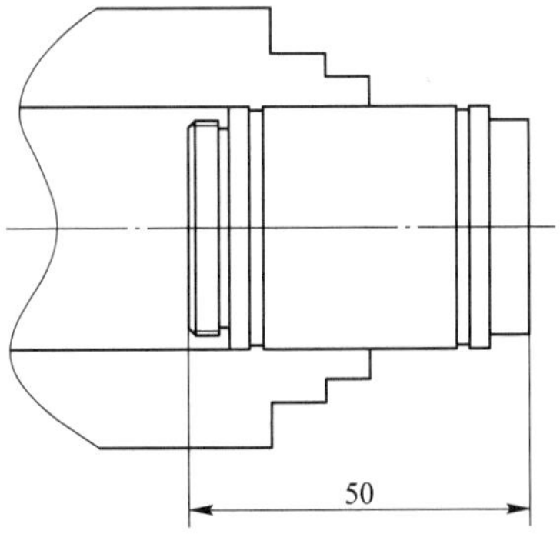 |
| ⑧车槽 | • 装夹刀头宽度为________mm 的车槽刀，并调至加工刀位；<br>• 车槽加工时，车床转速调整至________r/min | 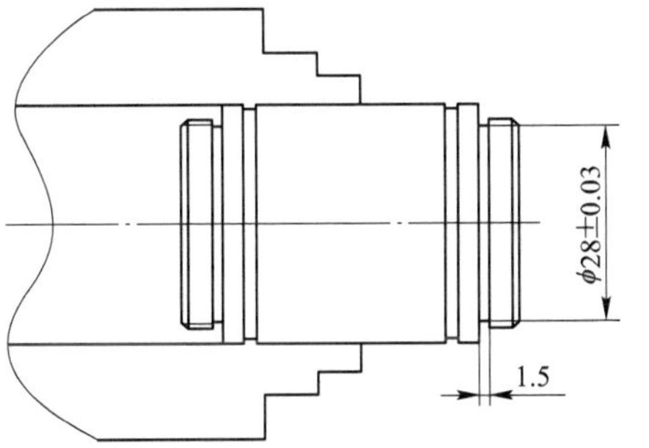 |

续表 3-20

| 车削步骤 | 车削内容 | 图　示 |
| --- | --- | --- |
| ⑨套螺纹 | 同④完成工件套螺纹加工 | 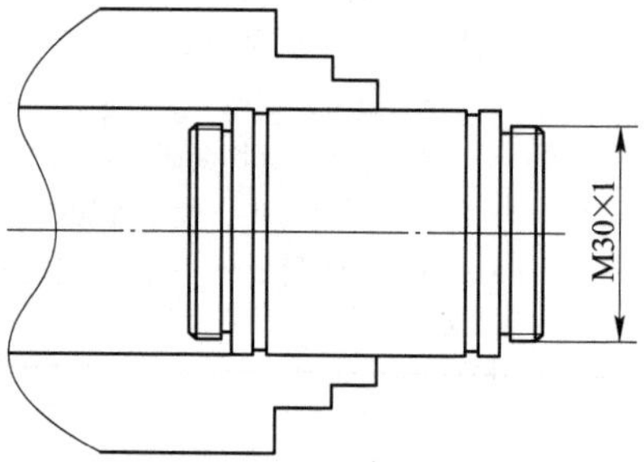 |

## 操作提示

1. 选用圆板牙时，应检查圆板牙的齿形是否有缺损。

2. 套螺纹工具在尾座锥孔中必须装紧，以防套螺纹时过大的切削力矩引起套螺纹工具锥柄在尾座锥孔内转动，损坏尾座锥孔表面。

3. 圆板牙装入套螺纹工具时不能歪斜。必须使圆板牙端面与主轴轴线垂直。

4. 外圆车至尺寸后，端面倒角要小于或等于 45°，使圆板牙容易切入。

5. 套塑性材料时，应充分加注切削液。

# 活动五　筒身外形的测量及误差分析

## 学习目标

1. 掌握滚花的评分要求和检验方法。

2. 利用螺纹环规完成外螺纹的检验。

3. 正确规范地使用工量具，并对其进行合理保养和维护。

4. 掌握滚花，车槽和套螺纹的质量分析，并对手电筒筒身外形加工的零件进行产品质量分析。

5. 正确完成自测、组测，并根据检测结果正确填写检验报告。

## 教学时间

2 课时

## 学习准备

工作页、微课视频、检测工具

## 学习内容

### 一、手电筒筒身外形的检测

对加工完成的手电筒筒身零件进行检测，并把检测的结果填入表 3-21。

**表 3-21　轴类零件检测表**

| 序号 | 考核项目 | 考查内容及要求 | 配分 | 评分标准 | 自评 | 组评 | 师评 |
|---|---|---|---|---|---|---|---|
| 1 | 外圆 | $\phi34_{-0.035}^{0}$ mm | 10 | 超差不得分 | | | |
| 2 | | $\phi28\pm0.03$ mm | 7 | 超差不得分 | | | |
| 3 | 长度 | 50 mm | 5 | 超差不得分 | | | |
| 4 | | 1.5 mm | 5 | 超差不得分 | | | |
| 5 | | （38±0.1） mm | 5 | 超差不得分 | | | |
| 6 | 倒角 | *C*1 倒角（2 处） | 5 | 未倒不得分 | | | |
| 7 | 滚花 | 网纹清晰，凸出 | 6 | 不符合要求不得分 | | | |
| 8 | | 模数 $m=0.3$ | 8 | 不符合要求不得分 | | | |
| 9 | | 无乱纹 | 6 | 不符合要求不得分 | | | |
| 10 | 套螺纹 | M30×1（2 处） | 10×2 | 环规检测，<br>不符合要求不得分 | | | |
| 11 | 表面粗糙度 | *Ra*3.2 μm | 3 | 超差不得分 | | | |
| 12 | 7S 管理 | 工量具使用情况 | 5 | 不符合要求酌情扣分 | | | |
| 13 | | 车床保养整理 | 5 | 不符合要求酌情扣分 | | | |
| 14 | 安全操作 | 安全操作机床 | 5 | 一处不合格扣 2 分，<br>发生重大事故取消资格 | | | |
| 15 | | 工作服穿着 | 5 | 一处不合格扣 2 分 | | | |

## 相关理论

螺纹检测主要由两种方法，一是单项检测法，二是综合检验法。综合检验法是用螺纹量规对螺纹各基本要素进行综合性检验。其中螺纹环规（见图 3-15）用来检验外螺纹。它分别有通规 T 和止规 Z，在使用中要注意区分，不能搞错。如果通规难以拧入，应对螺纹的各直径尺寸、牙型角、牙型半角和螺距进行检查，经修正后再用通规检验。当通规全部拧入，止规不能拧入时，说明工件螺纹各基本要素符合要求。当止规也能拧入，说明工件尺寸偏小，工件将报废。

### 二、手电筒筒身外形加工质量分析

1. 查阅资料（见表 3-22 和表 3-23），针对工件中出现的问题和废品种类，分析原因，找出改进措施。

图 3-15 螺纹环规

**表 3-22 车外沟槽时产生废品的原因及预防方法**

| 废品种类 | 产生原因 | 预防方法 |
|---|---|---|
| 沟槽的宽度不正确 | ①车槽刀主切削刃磨得不正确；<br>②测量不正确 | ①根据槽宽度刃磨车刀；<br>②仔细、正确测量 |
| 槽位置不对 | 测量和定位不正确 | 正确定位，并仔细测量 |
| 槽深不正确 | ①没有及时测量；<br>②尺寸计算错误 | ①车槽过程中及时测量；<br>②仔细计算尺寸，车槽时要考虑磨削余量 |
| 槽底一侧直径大，一侧直径小 | 车槽刀的主切削刃与工件轴线不平行 | 装夹车槽刀时必须使主切削刃与工件轴线平行 |
| 槽底与槽壁相交处出现圆角，槽底中间直径小、靠近槽壁处直径大 | ①车槽刀主切削刃不直或刀尖圆弧太大；<br>②车槽刀磨钝 | ①正确刃磨车槽刀；<br>②车槽刀磨钝后及时修磨 |
| 槽壁与工件轴线不垂直，使内槽狭窄而外口大，呈喇叭形 | ①车槽刀磨钝后让刀；<br>②车槽刀角度刃磨错误；<br>③车槽刀的中心线与工件轴线不垂直 | ①车槽刀磨钝后及时修磨；<br>②正确刃磨车槽刀；<br>③装夹车槽刀时，应使其中心线与工件轴线垂直 |
| 槽底与槽壁产生小台阶 | 多次车削时接刀不当 | 正确接刀，或留一定的精车余量 |
| 表面粗糙度达不到要求 | ①两副偏角太小，产生摩擦；<br>②切削速度选择不当，没有浇注切削液；<br>③切削时产生振动；<br>④切屑拉毛已加工表面 | ①正确选择副偏角的数值；<br>②选择适当的切削速度，并浇注切削液；<br>③采取防振措施；<br>④控制切屑的排向和形状 |

表 3-23　滚花时产生废品的原因及预防方法

| 废品种类 | 产生原因 | 预防措施 |
|---|---|---|
| 乱纹 | 工件外圆不能被滚花刀节距 $P$ 除尽 | 可以把外圆车略小一些 |
| | 滚花开始时，吃刀压力太小，或滚花刀与工件接触面过大 | 开始滚花时就要使用较大的压力，把滚花刀偏一个很小的角度 |
| | 滚花刀转动不灵，或滚花刀与刀柄小轴配合间隙太大 | 检查原因或调换小轴 |
| | 工件转速太高，滚花刀与工件表面产生滑动 | 降低转速 |
| | 滚花前没有清除滚花刀内的细屑或滚花刀齿部磨损 | 清除细屑或者更换滚花刀 |

2. 各小组选举一名质量监督人员，查看、统计小组完成的工件的废品率、合格率和返修率，并填写表 3-24，完成产品质量统计。

表 3-24　手电筒筒身外形产品质量统计

| 产品状态 | 数量 | 百分比 | 备　注 |
|---|---|---|---|
| 合格 | | | |
| 返修 | | | |
| 报废 | | | |
| 返修后合格 | | | |
| 返修后报废 | | | |

注：报废产品是指无法进行后续加工，如发生加工事故的工件，或外圆太小，长度太短等。返修产品是指可以进行续加工完善的工件，如工件外圆较大，长度较长等，具体由质量监督人员决定。

# 活动六　工作总结与评价

## 学习目标

1. 结合自身情况，如实撰写工作总结和实训心得。
2. 分析总结小组完成任务的情况，能展示本任务的工作成果。
3. 发现问题，并能提出改进措施。

## 教学时间

2 课时

## 学习准备

工作页、展示白板

## 学习内容

### 一、个人自我评价

学生在分组小组内对本任务完成情况进行评价总结，提出在任务中遇到的困难，并给出设想的解决方法，完成自我评价的撰写。

### 二、小组评价

学生在分组小组内对本任务完成情况进行评价总结，小组内部进行评价，由小组选出优秀组员代表向全班作小组展示总结。

1. 展示的样品符合技术标准吗？

合格 □　　良好□　　返修□　　报废□

2. 与其他组相比，本组的加工工艺：

工艺优化□　　工艺合理□　　工艺不合理□

3. 本小组展示总结表达：

很好□　　一般，需要补充□　　不清晰合理□

4. 手电筒筒身外形的检测方法：

正确□　　部分正确 □　　不正确 □

5. 本小组的成员团队协作精神

良好□　　一般□　　不足□

6. 手电筒筒身加工质量

良好□　　一般□　　不足□

### 三、教师评价

教师对各小组任务完成情况分别作评价。

1. 找出各小组的优点进行表扬。
2. 对任务完成过程中各组提出的问题进行点评，提出改进方法。
3. 对整个任务过程中出现的亮点和不足进行点评。
4. 评选出本次任务最优秀小组和本任务 MVP 学员。

具体评价体系表 3-25 如下。

**表 3-25　任务评价体系表**

班级：＿＿＿＿＿＿　　学生姓名：＿＿＿＿＿＿　　学号：＿＿＿＿＿＿

| 项　目 | 自我评价 | | | 小组评价 | | | 教师评价 | | |
|---|---|---|---|---|---|---|---|---|---|
| | 10~9 | 8~6 | 5~1 | 10~9 | 8~6 | 5~1 | 10~9 | 8~6 | 5~1 |
| | 占总评 10% | | | 占总评 20% | | | 占总评 70% | | |
| 学习活动 1 | | | | | | | | | |
| 学习活动 2 | | | | | | | | | |
| 学习活动 3 | | | | | | | | | |

续表 3-25

| 项　　目 | 自我评价 | | | 小组评价 | | | 教师评价 | | |
|---|---|---|---|---|---|---|---|---|---|
| | 10~9 | 8~6 | 5~1 | 10~9 | 8~6 | 5~1 | 10~9 | 8~6 | 5~1 |
| | 占总评 10% | | | 占总评 20% | | | 占总评 70% | | |
| 学习活动 4 | | | | | | | | | |
| 学习活动 5 | | | | | | | | | |
| 安全文明 | | | | | | | | | |
| 操作规范性 | | | | | | | | | |
| 纪律观念 | | | | | | | | | |
| 工作态度 | | | | | | | | | |
| 工作页质量 | | | | | | | | | |
| 小计 | | | | | | | | | |
| 总评 | | | | | | | | | |

指导教师：　　　　　年　月　日

# 学习任务四　手电筒筒身内腔加工

## · 学习目标

1. 正确阅读加工图纸，明确加工内容，加工数量等。

2. 查阅相关资料，明确加工技术要求，确定加工工艺，并能正确填写加工工艺过程卡片。

3. 识别常用的刀具材料，根据零件的材料和形状特征，通过查阅资料合理选择刀具。

4. 根据加工要求正确使用麻花钻，明确钻孔的方法。

5. 根据加工要求正确使用扩孔钻，并会叙述扩孔的特点和使用场合。

6. 正确选择、安装车孔刀，掌握内孔车削的加工方法。

7. 合理选择铰刀、确定铰削余量，对手电筒筒身内腔进行铰孔精加工。

8. 正确使用内径百分表进行手电筒筒身内腔的测量。

9. 根据加工要求，正确选择合理的切削用量和切削液。

10. 按照图纸要求，加工出所需的产品。

11. 按照车间规定完成工量具领取单和归还单。

12. 正确地对已加工零件进行测量和产品质量分析。

13. 根据车间 7S 管理方案进行正确地摆放零件和各种工量具等。

14. 主动获取有效信息，展示成果，并能对组员和自我进行有效评价。

## · 建议课时

12 课时

## · 工作情境描述

学校产学研制造部门根据手电筒筒身外形加工的质量报告，认为该实训班组能够较好地完成加工任务，故将手电筒筒身内腔加工的订单下派至该车工实训班组，希望该班组能尽快完成加工任务，加工数量为 50 件，工期为 2 天。加工任务图纸如图 4-1 所示。

## · 工作流程与活动

1. 筒身内腔的工艺分析（2 课时）。

2. 筒身内腔加工（6 课时）。

3. 筒身内腔的测量及误差分析（2 课时）。

4. 工作总结和评价（2 课时）。

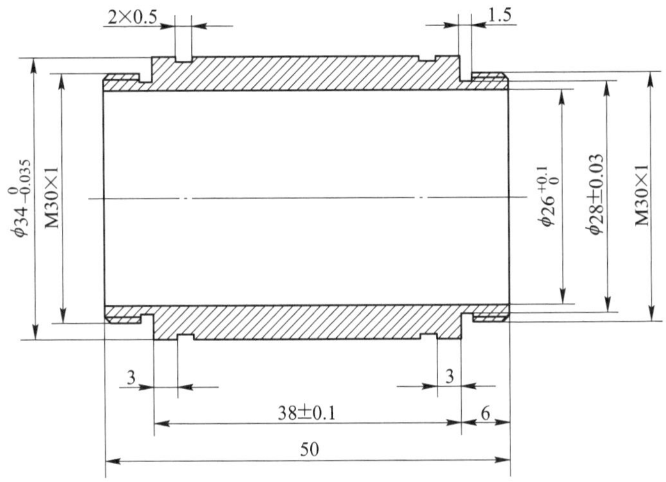


图 4-1　加工任务图纸

# 活动一　筒身内腔的工艺分析

## 学习目标

1. 阅读生产任务单，明确加工数量和完成时间。
2. 识读任务图样，明确加工要求、技术要求、尺寸精度等。
3. 正确识读加工工艺过程卡片，并能按要求填写完成工艺过程卡片。
4. 根据现场条件，查阅相关资料，确定符合加工技术要求的工艺装备。
5. 叙述麻花钻的分类、材料和几何形状知识，明确钻削用量。
6. 叙述车孔刀的几何形状。
7. 叙述铰刀的几何形状、分类，以及铰削余量的确定。

## 教学时间

2 课时

## 学习准备

工作页、机械手册

## 学习内容

### 一、阅读生产任务清单，明确加工任务

加工任务见表 4-1。

**表 4-1　生产任务清单**

| 需方单位名称 | | | | 完成日期 | 年　月　日 |
|---|---|---|---|---|---|
| 序号 | 产品名称 | 材料 | 数量 | 技术标准、质量要求 | |
| 1 | 手电筒筒身内腔加工 | 45 号钢 | 50 | 按图样要求，毛坯为手电筒筒身 | |
| 2 | | | | | |
| 3 | | | | | |
| 生产批准时间 | | 年　月　日 | 批准人 | | |
| 通知任务时间 | | 年　月　日 | 发单人 | | |
| 接单时间 | | 年　月　日 | 接单人 | 生产班组 | 车工实训班组 |

1. 请根据生产任务单表 4-1，明确完成的数量和毛坯，并正确填写在下面。

零件的完成数量：＿＿＿＿＿＿件；

零件的毛坯：＿＿＿＿＿＿＿＿。

2. 各个小组根据小组的实际情况接受加工订单数量，将完成数量填在表 4-2 中，完成表格填写。

**表 4-2　小组产品接单数量**

| 任务单位 | | 车工实训班组 | | 完成日期 | 年　月　日 |
|---|---|---|---|---|---|
| 序号 | 产品名称 | 材料 | 数量 | 技术标准、质量要求 | |
| 1 | 手电筒筒身外形加工 | 45 号钢 | | 按图样要求 | |
| 2 | | | | | |
| 3 | | | | | |
| 接单时间 | | 年　月　日 | 接单人 | 生产小组 | |

## 二、识读零件图

手电筒筒身内腔图如图 4-1 所示。

1. 认真识读手电筒筒身内腔图 4-1，说明本次任务中主要加工内容和主要的加工要求有哪些？

2. 本次任务手电筒筒身的内腔为通孔，查阅资料分别指出图 4-2 中孔的形式。

## 三、填写工艺过程卡片

根据手电筒筒身内腔图样，填写加工工艺过程卡片（见表 4-3）。

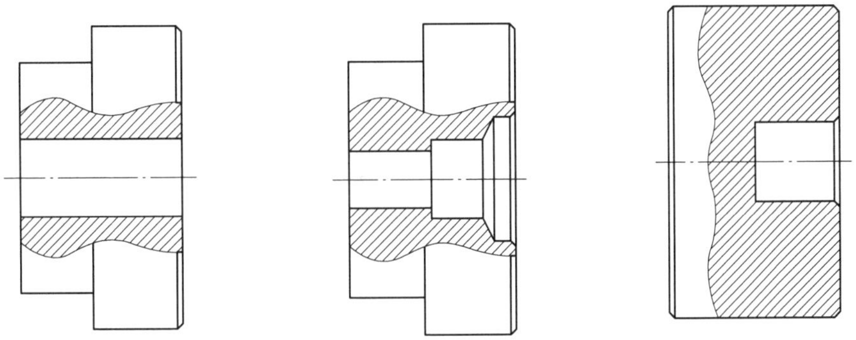


图 4-2　不同形式的孔

1. 本次加工主要为手电筒筒身内腔加工，外形在上个学习任务中已经完成，故本次属于续加工内容，手电筒筒身最大直径经过滚花加工，表面不平整，在本次加工中，应采取怎样的装夹工艺？查阅资料，说明装夹方案。

2. 简述编排下述工艺的原因。

**四、确定工艺装备**

1. 在指导老师指导下，结合图纸分析，填写领取的工量刀具清单（见表 4-4）。

2. 本次工作任务中，需要用到麻花钻、扩孔钻（选用）、内孔车刀和铰刀，同学们需要了解它们的几何要素，并能正确地选择适当型号的刀具。

（1）通过观察生活，深入生产实际及在网络上收集资料等方法，相互交流，举出收集到的麻花钻类型。

（2）查阅资料，说一说麻花钻主要由哪几部分组成，各部分作用是什么？

（3）查阅资料，说明内孔车刀的主要应用场合，以及它所能达到的尺寸精度和表面粗糙度。

（4）加工不同材料的零件所选用的刀具材料液不同，本次加工手电筒筒身内腔材料为 45 号钢，在一般情况下刀头材料选择硬质合金，常见的硬质合金材料有 YG、YT 和 YW 类，试说明本次加工的内孔车刀刀头材料应选什么材料？对于同一种材料，牌号不同加工性能也有很大的不同，查阅资料，说明本次加工应选什么样的牌号？

（5）查阅资料，说明铰削加工的主要应用场合，以及它所能达到的尺寸精度和表面粗糙度。

（6）试着说明铰刀的结构组成，以及各部分作用。

**表 4-3　手电筒筒身加工工艺卡片**

| 机械加工工艺过程卡片 | 产品型号 | | 零（部）件图号 | 4-2 | 共 1 页 |
|---|---|---|---|---|---|
| | 产品名称 | 手电筒筒身 | 零部件名称 | 尾盖 | 第 1 页 |

| 材料牌号 | 45 号钢 | 毛坯种类 | 锻件 | 毛坯外形尺寸 | 手电筒筒身 | 每坯件数 | 1 | 每台件数 | 1 | 备注 | |
|---|---|---|---|---|---|---|---|---|---|---|---|

| 工序号 | 工序名 | 工序内容 | 车间 | 设备 | 工艺装备 | 工时 | |
|---|---|---|---|---|---|---|---|
| | | | | | | 终结 | 单件 |
| 1 | | | | | | | |
| 2 | | | | | | | |
| 3 | | | | | | | |
| 4 | | | | | | | |
| 5 | | | | | | | |
| 6 | | | | | | | |
| 7 | | | | | | | |

| | | | 编制 | 编制日期 | | 核对日期 | 会签日期 | 图号 |
|---|---|---|---|---|---|---|---|---|
| | | | | | | | | |
| 标记 | 处数 | 更改文件签字 | | | | | | |

**表 4-4　工量刀具清单**

| 序号 | 名称 | 规　　格 | 数量 | 领用人 |
|---|---|---|---|---|
| 1 | 90°车刀 | 硬质合金可转位车刀 | 1 | |
| 2 | | | | |
| 3 | | | | |
| 4 | | | | |
| 5 | | | | |

## 相关理论

### 麻　花　钻

1. 麻花钻由柄部、颈部和工作部分组成，具体的组成部分及作用见表 4-5。

**表 4-5　麻花钻的组成及作用**

<table>
<tr><td>图示</td><td colspan="4">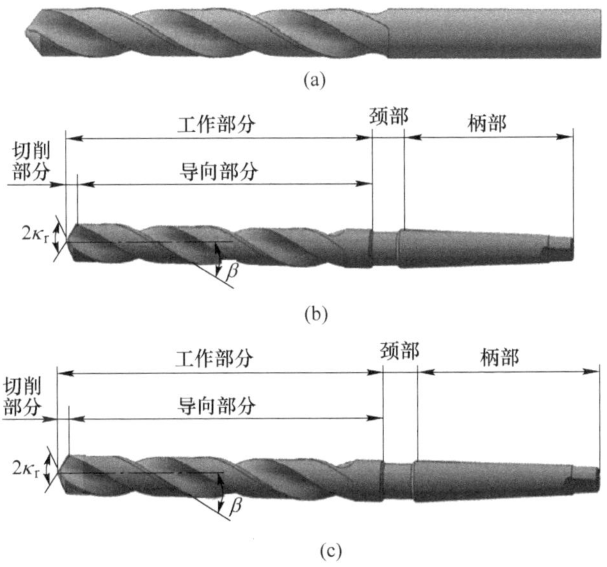
</td></tr>
<tr><td rowspan="2">麻花钻的组成部分</td><td rowspan="2">柄部</td><td rowspan="2">颈部</td><td colspan="2">工作部分</td></tr>
<tr><td>切削部分</td><td>导向部分</td></tr>
<tr><td>作用</td><td>麻花钻的柄部在钻削时起夹持定心和传递转矩的作用；<br>麻花钻有直柄图（a）和莫氏锥柄图（b）及图（c）两种；<br>直柄麻花钻的直径一般为 0.3~16 mm；<br>莫氏锥柄麻花钻的直径见表 4-6</td><td>直径较大的麻花钻在颈部标有麻花钻直径、材料牌号和商标，直径小的直柄麻花钻没有明显的颈部</td><td>主要起切削作用</td><td>钻削过程中能起到保持钻削方向、修光孔壁的作用，同时也是切削的后备部分</td></tr>
</table>

**表 4-6 莫氏锥柄麻花钻的直径**

| 莫氏锥柄号 | No. 1 | No. 2 | No. 3 | No. 4 | No. 5 | No. 6 |
|---|---|---|---|---|---|---|
| 钻头直径 $d$/mm | 3~14 | 14~23. 02 | 23. 02~31. 75 | 31. 75~50. 8 | 50. 8~75 | 75~80 |

2. 麻花钻的切削部分可看成是正反两把车刀，所以其几何角度的概念与车刀基本相同，但也有其特殊性，具体几何形状见表 4-7。

**表 4-7 麻花钻几何形状**

| 图示 | 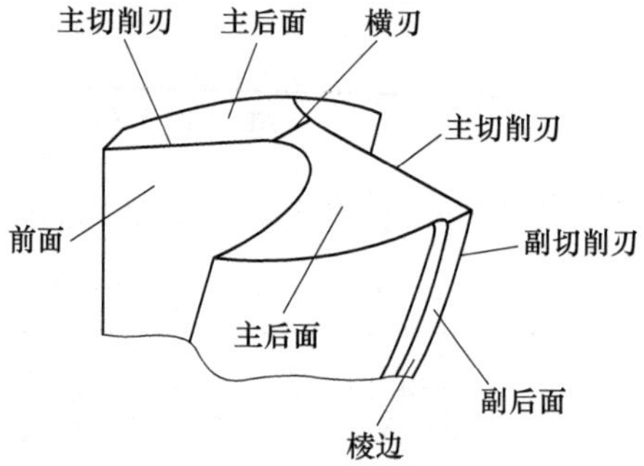<br> |
|---|---|
| 几何形状 | 定义及作用 |
| 螺旋槽 | 麻花钻的工作部分有两条螺旋槽，其作用是构成切削刃、排出切屑和流通切削液 |
| 前面 | 麻花钻的螺旋槽面称为前面 |
| 主后面 | 麻花钻钻顶的螺旋圆锥面称为主后面 |
| 主切削刃 | 前面和主后面的交线称为主切削刃，担任主要的钻削任务 |
| 横刃 | 麻花钻两主切削刃的连接线称为横刃，也就是两主后面的交线，横刃担负着钻心处的钻削任务。横刃太短会影响麻花钻的钻尖强度，横刃太长会使轴向的进给力增大，对钻削不利 |
| 棱边 | 在麻花钻的导向部分特地制出了两条略带倒锥形的刃带，即棱边。它减少了钻削时麻花钻与孔壁间的摩擦 |
| 前角、后角等 | 具体见表 4-8 |
| 顶角 $2\kappa_r$ | 在通过麻花钻轴线并与两主切削刃平行的平面上，两主切削刃投影间的夹角称为顶角。一般麻花钻的顶角为 100°~400°，标准麻花钻的顶角为 118°。具体判断方法见表 4-9 |
| 横刃斜角 $\varphi$ | 在垂直于麻花钻轴线的端面投影图中，横刃与主切削刃之间的夹角称为横刃斜角。横刃斜角一般为 55° |

**表 4-8 麻花钻切削刃上不同位置螺旋角、前角和后角的变化**

| 角度 | 螺旋角 | 前角 | 后角 |
|---|---|---|---|
| 符号 | $\beta$ | $\gamma_o$ | $\alpha_o$ |
| 定义 | 螺旋槽上最外缘的螺旋线展开成直线后与麻花钻轴线之间的夹角 | 基面与前面间的夹角 | 切削平面与后面间的夹角 |

续表 4-8

| 角度 | 螺旋角 | 前角 | 后角 |
|---|---|---|---|
| 图示 | 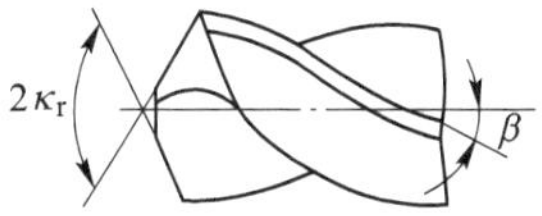  | 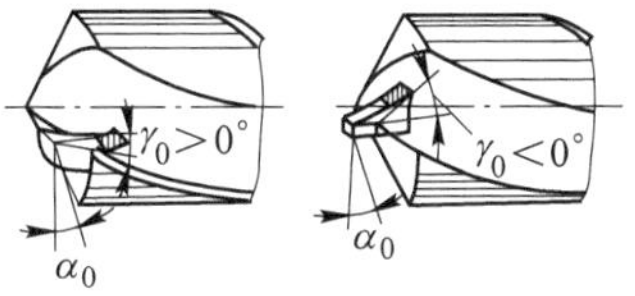  | 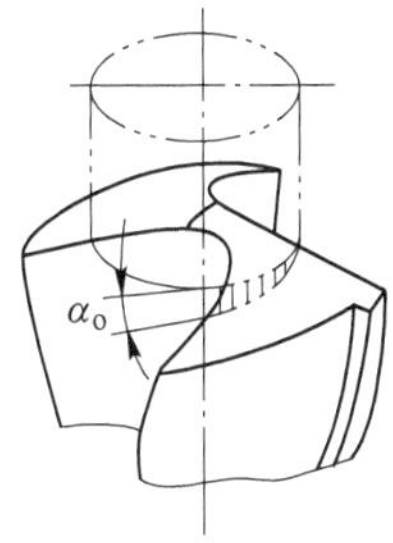  |
| 变化规律 | 麻花钻切削刃上的位置不同，其螺旋角 $\beta$、前角 $\gamma_o$ 和后角 $\alpha_o$ 也不同 | | |
| | 自外缘向钻心逐渐减小 | 自外缘向钻心逐渐减小，并在 $d/3$ 处前角为 0°，再向钻心为负前角 | 自外缘向钻心逐渐增大 |
| 靠近外缘处 | 最大（名义螺旋角） | 最大 | 最小 |
| 靠近钻心处 | 较小 | 较小 | 较大 |
| 变化范围 | 18°～30° | −30°～30° | 8°～12° |
| 关系 | 螺旋角越大，前角越大 | | |

**表 4-9　麻花钻顶角的大小对切削刃和加工的影响**

| 顶角 | $2\kappa_r>118°$ | $2\kappa_r=118°$ | $2\kappa_r<118°$ |
|---|---|---|---|
| 图示 | 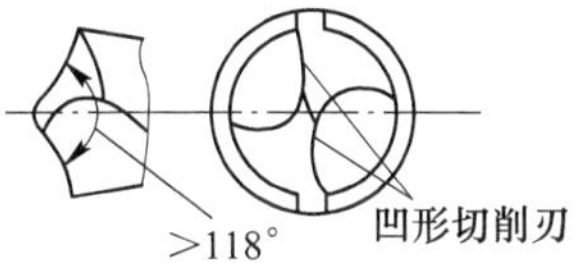  |   | 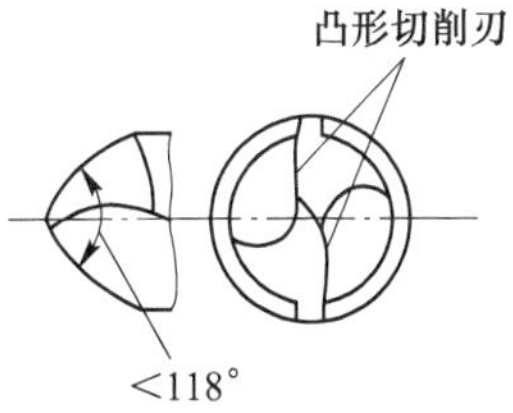  |
| 两主切削刃的形状 | 凹曲线 | 直线 | 凸曲线 |
| 对加工的影响 | 顶角大，则切削刃短，定心差，钻出的孔容易扩大；同时前角增大，使切削省力 | 适中 | 顶角小，则切削刃长，定心准，钻出的孔不容易扩大；同时前角减小，使切削阻力大 |
| 适用的材料 | 适用于钻削较硬的材料 | 适用于钻削中等硬度的材料 | 适用于钻削较软的材料 |

## 内孔车刀

车孔的方法基本上和车外圆相同，但内孔车刀和外圆车刀相比有些差别。根据不同的加工情况，内孔车刀可分为通孔车刀和盲孔车刀两种，具体见表 4-10。

**表 4-10 内孔车刀**

| 孔类型 | 车通孔 | 车盲孔 |
| --- | --- | --- |
| 车孔 | 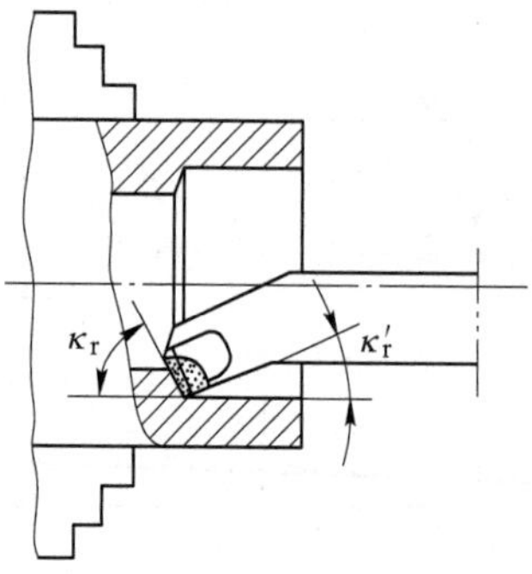 | 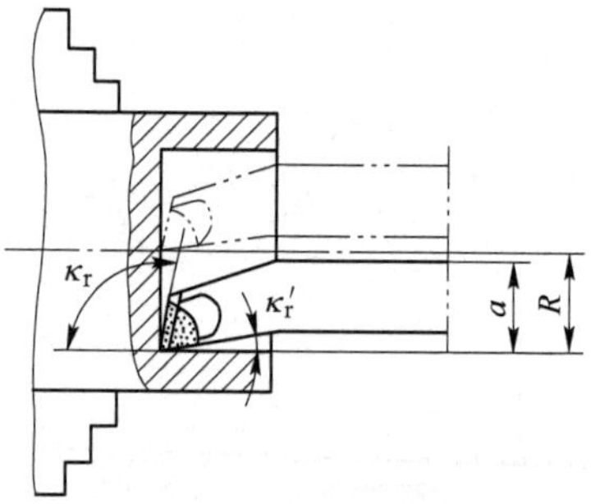 |
| | 通孔车刀的几何形状基本上与75°外圆车刀相似，为了减小背向力 $F_p$，防止振动，主偏角 $\kappa_r$ 应取较大值，一般取 $\kappa_r=60°\sim75°$；取副偏角 $\kappa_r'=15°\sim30°$ | 盲孔车刀用来车盲孔或台阶孔，切削部分的几何形状基本上与偏刀相似；<br>盲孔车刀的主偏角 $\kappa_r$ 一般取 90°～95°，车盲孔时，刀尖在刀柄的最前端，刀尖与刀柄外端的距离 $a$ 应小于内孔半径 $R$，否则就无法车平盲孔的底平面；<br>车台阶孔时，只要车刀与孔壁不碰即可 |
| 内孔车刀 | 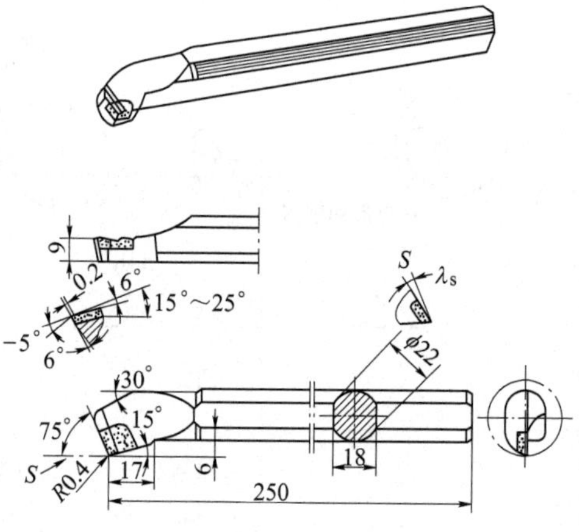 | 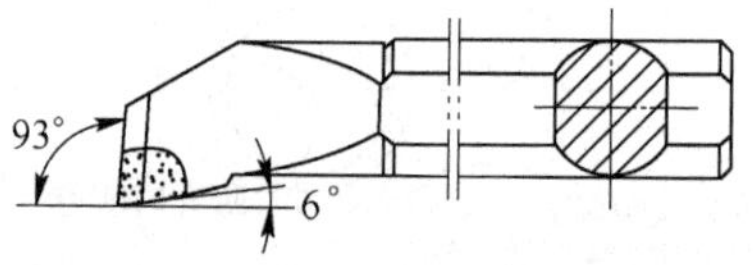<br> |
| | 典型的前排屑通孔车刀，其几何参数为：$\kappa_r=75°$，$\kappa_r'=15°$，$\lambda_s=6°$。该车刀上磨出断屑槽，使切屑排向孔的代加工表面，即向前排屑 | 后排屑盲孔车刀几何参数为：$\kappa_r=93°$，$\kappa_r'=6°$，$\lambda_s=-4°\sim0°$。其上磨有卷屑槽，使切屑成螺旋状沿尾座方向排出孔外，即后排屑 |

续表 4-10

| 孔类型 | 车通孔 | 车盲孔 |
|---|---|---|
| 刀柄 | 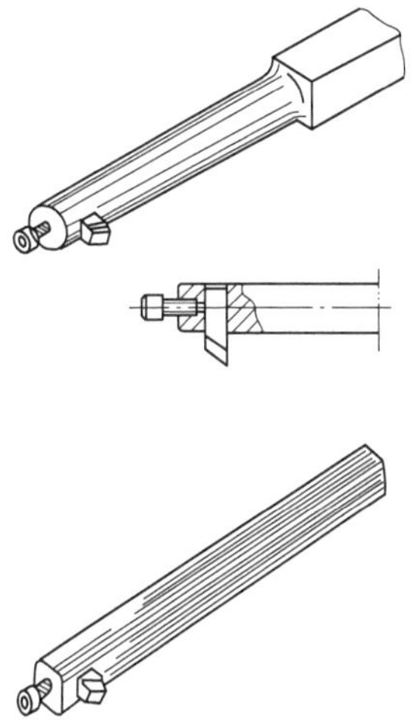 | 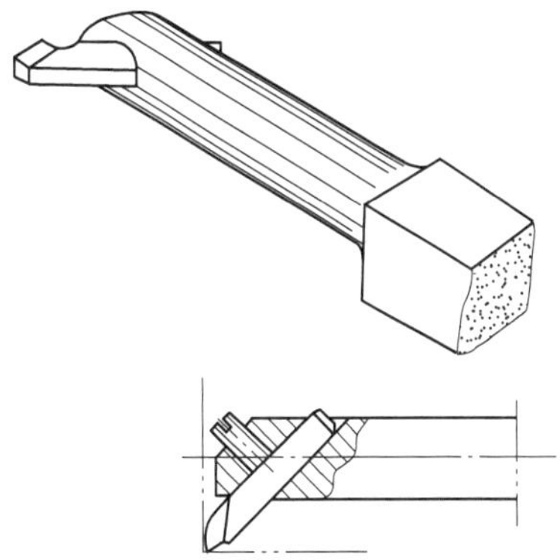 |
| | 为了节省刀具的材料并提高刀柄的刚度，可以把高速钢或硬质合金做成适当大小的刀头，装在碳钢或合金钢制成的刀柄上，在前端用螺钉紧固；<br>常用的刀柄有圆刀柄和方刀柄两种。通孔车刀和盲孔车刀圆刀柄可以根据被加工孔径大小及孔的深度制成几组，以便加工时使用 | |

## 铰　刀

1. 铰刀的形状如表 4-11 所示，它由工作部分、颈部和柄部组成。铰刀的柄部有圆形、圆锥形和原柄方榫形 3 种。具体的结构和其作用见表 4-11。

**表 4-11　铰刀的结构及其作用**

| | |
|---|---|
| 图示 |  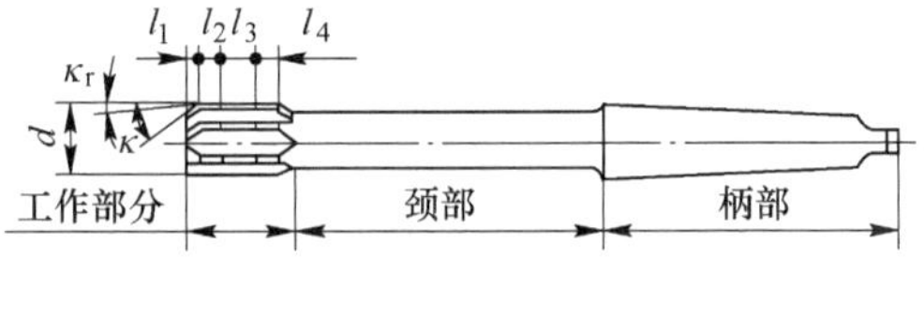<br><br>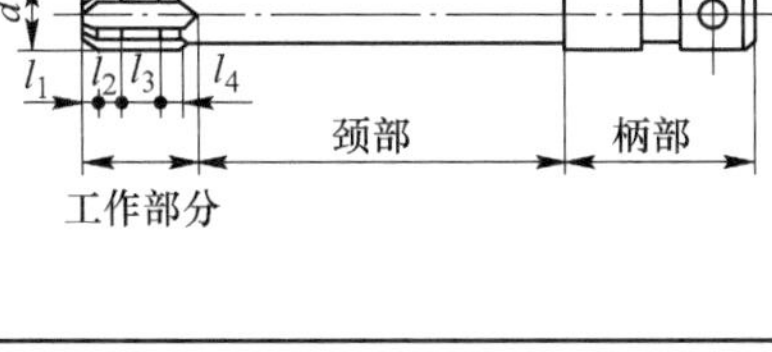<br><br>齿部放大<br>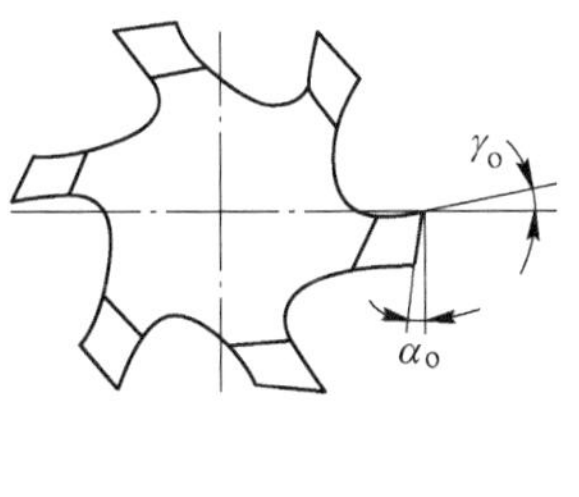<br> |

续表 4-11

| 工作部分 | 符号 | 主要作用 | 几何参数的一般取值 |
|---|---|---|---|
| 引导部分 | $l_1$ | 铰刀开始进入孔内的导向部分 | 导向角 $\kappa=45°$ |
| 切削部分 | $l_2$ | 担负主要切削工作，其主偏角较小，因此铰削时定心好，切屑薄 | 前角 $\gamma_o=0°$，铰钢料时 $\gamma_o=5°\sim10°$；<br>后角 $\alpha_o=6°\sim8°$；<br>主偏角 $\kappa_r=3°\sim15°$ |
| 修光部分 | $l_3$ | 修光部分上有棱边，它起定向、修光孔壁、控制铰刀直径和便于测量等作用 | 棱边宽度 $b_{a1}=0.15\sim0.25$ mm |
| 倒锥 | $l_4$ | 可减少铰刀与孔壁间的摩擦，还可防止产生喇叭形孔和孔径扩大等缺陷 | |

2. 铰刀按使用方式可分为机用铰刀和手用铰刀两种，其柄部、工作部分和主偏角的差异见表 4-12。

**表 4-12 机用铰刀和手用铰刀的区别**

| 铰刀 | 柄部 | 工 作 部 分 | 主偏角 |
|---|---|---|---|
| 机用铰刀 | 直柄和锥柄，安装在尾座套筒内进行铰削 | 车床尾座定向，因此工作部分较短 | 较大，标准机用铰刀的主偏角 $\kappa_r=15°$ |
| 手用铰刀 | 柄部做成方榫形，以便套入铰杠进行铰削 | 没有车床尾座定向，因此其工作部分较长 | 较小，一般 $\kappa_r=40'\sim4°$ |

# 活动二 筒身内腔加工

## 学习目标

1. 正确规范地装夹麻花钻、扩孔钻、铰刀及内孔车刀等刀具。
2. 正确合理选择麻花钻、扩孔钻、铰刀及内孔车刀等刀具的切削用量。
3. 正确选择本次加工所需的切削液。
4. 掌握钻孔、铰孔和车孔的加工方法。
5. 完成手电筒筒身内腔加工。

## 教学时间

6 课时

## 学习准备

工作页、机械手册、微课视频

## 学习内容

### 一、分析图纸

本次任务的加工图纸如图 4-1 所示。

### 二、制定加工步骤

本次加工手电筒筒身内腔时采用钻—车—铰的工序加工，先用 $\phi$9.8 mm 的麻花钻钻底孔，然后用 $\phi$20 mm 的麻花钻扩孔，再用车刀进行孔的直线度修整，将工件加工到 $\phi$26 mm，留一定的铰削余量，最后用铰刀进行铰削加工。

（一）钻孔

1. 在本次加工过程中，要求对手电筒筒身进行钻孔加工，选择乳化液（皂化液）对麻花钻进行冷却和润滑。对于不同的刀具类型和工件材料，选择切削液是不同的。请在表 4-13 中，正确选择加工不同材料时所用的切削液。

**表 4-13 切削液选择**

| 麻花钻种类 | 加工材料 | | | | | |
|---|---|---|---|---|---|---|
| | 低碳钢 | 中高碳钢 | 合金不锈钢 | 铸铁 | 铝合金 | 铜合金 |
| 高速钢麻花钻 | | | | | | |
| 镶硬质合金麻花钻 | | | | | | |

2. 钻孔时切削用量的选择过程如下：

（1）钻孔时切削用量的确定：

背吃刀量：$a_p$ = ____________________；

钻削速度：根据钻削材料、麻花钻的直径确定，一般 $v_c$ = ________________；

进给量 $f$：根据手感力度确定进给量大小，一般 $f$= ________________。

（2）若本次加工选用直径为 18 mm 的麻花钻钻孔，工件材料为 45 号钢，选用车床的转速为 200 r/min，求背吃刀量 $a_p$ 和切削速度 $v_c$。

## 相关理论

### 钻 孔 方 法

1. 不同麻花钻的装夹方法如下：

（1）直柄麻花钻的装夹如图 4-3 所示，与中心钻的装夹方法基本相同，用钻夹头装夹，再将钻夹头的锥柄插入尾座的锥孔中。

（2）锥柄麻花钻的装夹如图 4-4 所示，可直接或用莫氏过渡锥套（变径套）插入尾座锥孔中，也可以用专用工具（见图 4-5）直接装夹在刀架上进行钻孔加工。

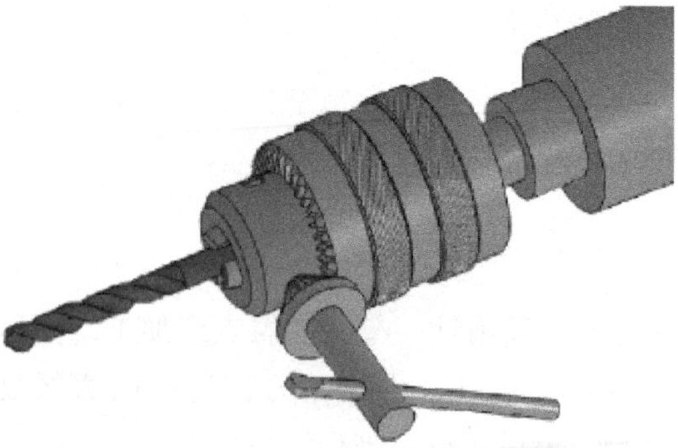

图 4-3　直柄麻花钻装夹

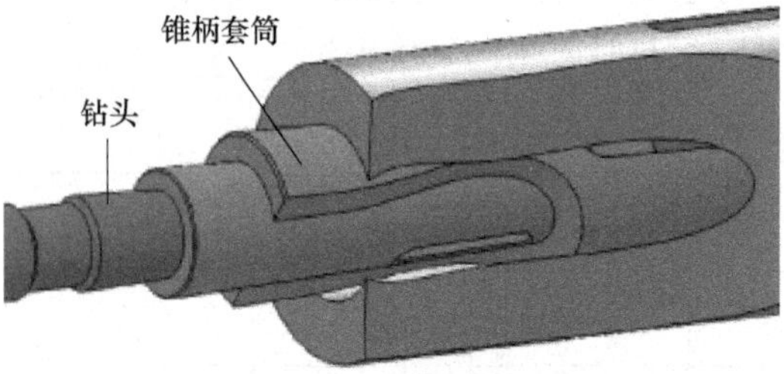


图 4-4　锥柄麻花钻的安装

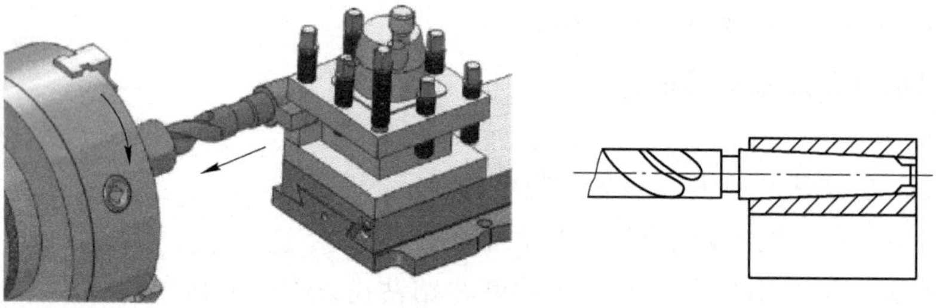

图 4-5　专用工具装夹麻花钻

2. 钻孔时所需的切削用量选择参考表 4-14。

**表 4-14　钻孔时的切削用量**

| 切削用量 | 公　式 | 选　择 |
|---|---|---|
| 背吃刀量 | $a_p = d/2$<br>式中　$a_p$——背吃刀量，mm；<br>$d$——麻花钻直径，mm | 由麻花钻的直径决定；<br>扩孔时，背吃刀量为 $(D-d)/2$<br>其中，$D$ 为扩孔麻花钻直径，$d$ 为底孔麻花钻直径 |

续表 4-14

| 切削用量 | 公　式 | 选　择 |
|---|---|---|
| 进给量 | 手动车床尾座手轮来进给的 | 一般小直径麻花钻钻孔时，进给量太大会折断麻花钻，一般选 $f=(0.01\sim0.02)d$。用直径为 12~15 mm 的麻花钻钻钢料时，进给量 $f=0.15\sim0.35$ mm |
| 切削速度 | $v_c=\frac{\pi dn}{1000}\approx\frac{dn}{318}$<br>式中　$v_c$——切削速度，m/min；<br>$d$——麻花钻直径，mm；<br>$n$——车床主轴转速，r/min | 用高速钢麻花钻钻钢料时，切削速度一般取 $v_c=15\sim30$ m/min；<br>钻铸铁时，取 $v_c=10\sim25$ m/min；<br>钻铝合金时，取 $v_c=75\sim90$ m/min |

3. 在车床上钻孔属于半封闭加工，切削液很难进入到切削区域，因此，钻孔对切削液的要求液比较高，其选用见表 4-15。在加工过程中，切削液的浇注量和压力也要大一些；同时还应该经常退出钻头，以便排屑和冷却。

**表 4-15　钻孔加工时的切削液选择**

| 麻花钻的种类 | 被钻削的材料 | | |
|---|---|---|---|
| | 低碳钢 | 中碳钢 | 淬硬钢 |
| 高速钢麻花钻 | 用 1%~2% 的低浓度乳化液，电解质水溶液或矿物油 | 用 3%~5% 的中浓度乳化液或极压切削油 | 极压切削油 |
| 镶硬质合金麻花钻 | 一般不用，如用可选 3%~5%的中浓度乳化液 | | 10%~20% 的高浓度乳化液或极压切削油 |

## 操作提示

钻孔的注意事项如下：

1. 钻孔前应车端面，防止麻花钻摆动折断麻花钻。

2. 麻花钻将要钻透工件时（进给手感轻松）进给量要小。

3. 麻花钻钻进 1~2 mm 时要停车测量孔径，防止孔径超差。

4. 钻削前要检查麻花钻是否弯曲，麻花钻、钻夹头柄部及钻套是否干净，防止钻削时孔径扩大或钻柄在尾座套筒内打滑。

（二）车孔

1. 请查阅资料，根据本次任务中车刀的装夹，回答下列问题。

内孔车刀的装夹直接影响车削情况及孔的精度，装夹时要注意：

（1）刀尖应与工件中心____________。如果装得低于中心，由于切削力的作用，容易将刀柄压低而产生扎刀现象，并可造成孔径扩大。

（2）刀柄伸出长度不宜过长，一般比被加工孔长____________ mm。

（3）刀柄基本平行于工件轴线，否则________________________________________。

2. 车孔的关键技术是要解决内孔车刀刚度和排屑的问题。请查阅资料，试着概括这两大关键技术可采取的措施。

3. 本次加工工件材料为 45 号钢，车孔时，关于切削用量的确定，请分别确定在粗车和精车时相应的切削用量三要素，并完成表 4-16 的填写。

**表 4-16 切削用量三要素**

| 材料 | 45 号钢 | | |
|---|---|---|---|
| 切削用量 | 切削速度 $v_c$（转速 $n$） | 进给量 $f$ | 背吃刀量 $a_p$ |
| 粗车 | | | |
| 精车 | | | |

## 车 孔 方 法

1. 车孔的关键技术是解决内孔车刀的刚度问题和排屑问题，具体解决方法见表 4-17。

**表 4-17 车孔的关键技术**

<table>
<tr><th colspan="2">内 容</th><th>图 示</th><th>说 明</th></tr>
<tr><td rowspan="2">提高内孔车刀的刚度</td><td>尽可能增加刀柄的横截面积</td><td>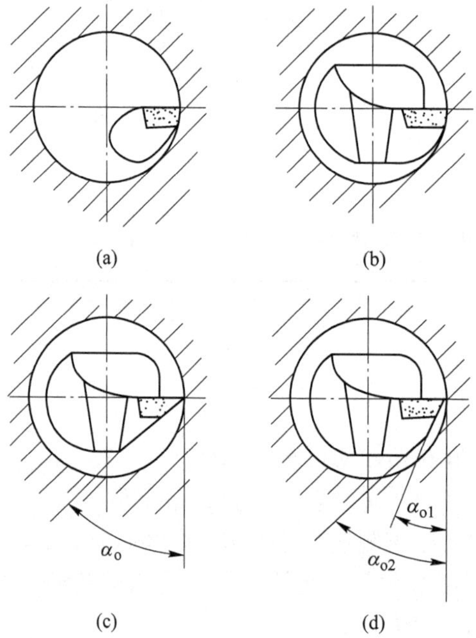
</td><td>图（a）：内孔车刀的刀尖位于刀柄的上面，刀柄的横截面积较小，仅为孔截面积的 1/4 左右；<br>图（b）：内孔车刀的刀尖位于刀柄的中心线上，这样刀柄的横截面积可以达到最大程度；<br>图（c）：内孔车刀的后面如果刃磨成一个大后角，刀柄的截面积必然减小；<br>图（d）：如果将内孔车刀刃磨成两个后角，或将后面磨成圆弧状，则既可防止内孔车刀的后面与孔壁产生摩擦，又使刀柄的横截面积增大</td></tr>
<tr><td>减少刀柄的伸出长度</td><td>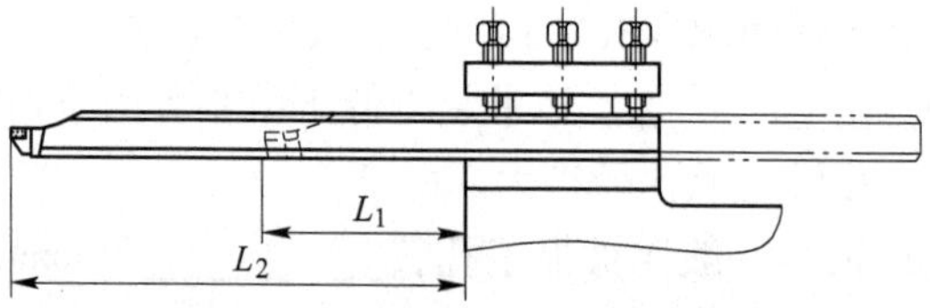
</td><td>刀柄伸出越长，内孔车刀的刚度越低，容易引起振动。刀柄的伸出长度只要略大于孔深即可</td></tr>
</table>

续表 4-17

| 内容 | | 图示 | 说明 |
|---|---|---|---|
| 解决排屑问题 | 前排屑 | 解决排屑问题主要是控制切屑流出方向 | 车通孔或精车孔时，要求切屑流向待加工表面（即前排屑），前排屑主要是采用正值刃倾角的内孔车刀 |
| | 后排屑 | | 车削盲孔时，切屑从孔口排出（后排屑），后排屑主要是采用负值刃倾角内孔车刀 |

2. 具体车台阶孔和盲孔的方法见表 4-18。

**表 4-18　车台阶孔和盲孔**

| 内容 | 图示 | 说明 |
|---|---|---|
| 车台阶孔 | 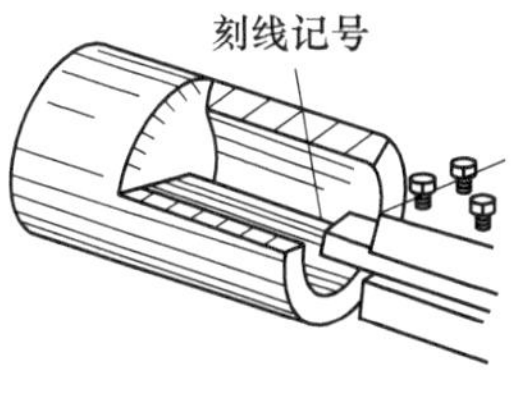  (a) 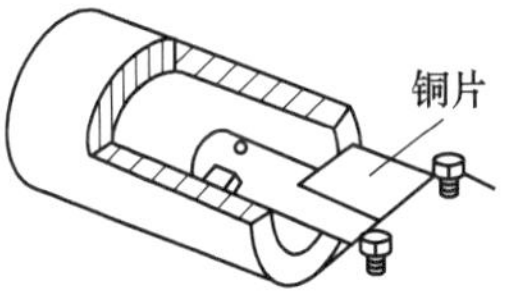  (b) | ①车直径小的台阶孔时，由于观察困难，尺寸不易控制，操作步骤为：粗车小孔→精车小孔→粗车大孔→精车大孔；<br>②车直径大的台阶孔时，便于测量和观察小孔的前提下，操作步骤为：粗车大孔→粗车小孔→精车小孔→精车大孔；<br>③车孔径相差较大的台阶孔时，最好使用主偏角 $\kappa_r = 85° \sim 88°$ 的车刀进行粗车，再用盲孔车刀精车至要求。如果直接用盲孔车刀车削，背吃刀量不可太大，刀尖容易损坏；<br>④车孔深度的控制如下：<br>• 在刀柄上刻线痕（见图（a））；<br>• 装夹内孔车刀时安装限位铜片（见图（b））；<br>• 利用床鞍和小滑板刻度控制孔深；<br>• 用游标深度尺测量控制 |
| 车盲孔 | | ①车端面，钻中心孔；<br>②钻底孔：选择比孔径小 1.5~2 mm 的麻花钻先钻出底孔，其钻孔深度从麻花钻顶尖量起，并在麻花钻上刻痕线做记号。然后用相同直径的平头钻将底孔扩成平底，底平面处留余量 0.5~1 mm；<br>③粗车孔和底平面，留精车余量 0.2~0.3 mm；<br>④精车孔和底平面至尺寸 |

3. 内孔车刀的刀柄细长，刚度低，车孔时排屑较困难，故车孔时的切削用量应选得比车外圆时要小。车孔时的背吃刀量 $a_p$ 是车孔余量的一半，进给量 $f$ 比车外圆时小 20%~40%，切削速度 $v_c$ 比车外圆时低 10%~20%。

## 操作提示

车孔时注意事项如下：

1. 注意中滑板进、退刀与车外圆相反。

2. 车削铸铁材料内孔至接近孔尺寸时，不要用手去抚摸，以防增加车削困难。

3. 精车内孔时，应保持刀刃锋利，否则容易产生让刀（因刀柄刚度差），把孔车成锥形。

4. 车小内孔时，应注意排屑问题，否则由于内孔切屑阻塞，会造成内孔车刀严重扎刀而把内孔车废。

（三）铰孔

1. 本次任务中铰削作为孔加工的最后一道精加工工序，前一道车削时应该留多少铰削余量，留多了会产生怎么样的影响，留少了又会有什么危害？请查阅资料概括说明。

2. 在本次铰孔时，加工时选择乳化液对铰刀进行冷却和润滑，以保证孔径表面的光滑。而对于不同的刀具类型和工件材料，需要选择不同的切削液。请查阅资料，试完成表4-19。

**表 4-19 选择切削液**

| 铰刀 | 加工材料 | | |
|---|---|---|---|
| | 钢件 | 铸铁 | 青铜或铝合金 |
| 选择的切削液 | | | |

## 相关理论

1. 铰孔之前，一般先车孔或扩孔，并留出铰孔余量，余量的大小直接影响铰孔质量。余量太小，往往不能把前道工序所留下的加工痕迹铰去。余量太大，切屑挤满在铰刀的齿槽中，使切削液不能进入切削区，严重影响表面粗糙度，或使切削刃负荷过大而迅速磨损，甚至崩刃。

铰削余量：高速钢铰刀为 0.08~0.12 mm，硬质合金铰刀为 0.15~0.20 mm。

2. 铰孔前，孔的表面粗糙度 *Ra* 值要小于 3.2 μm，但孔的直线度误差一般要经过车孔才能修正。如果铰削直径小于 10 mm 的孔，由于孔径小，车孔非常困难，为了保证孔的直线度和同轴度，应采用的加工方法是：钻中心孔→钻孔→扩孔→铰孔。

3. 铰孔前，必须调整尾座套筒的轴线，使之与主轴轴线重合，同轴度误差最好控制在 0.02 mm 之内，但是对于一般精度的车床来说，要求主轴与尾座套筒非常精确地在同一轴线上是比较困难的，因此铰孔时最好使用浮动套筒。

4. 铰削的切削用量见表 4-20。

表 4-20　铰削切削用量

| 切削用量 | 选　　择 | 数　　值 |
|---|---|---|
| 背吃刀量 | 背吃刀量为铰削余量的一半 | |
| 切削速度 | 切削速度越低，表面粗糙度值越小 | 最好小于 5 m/min |
| 进给量 | 由于切屑少，且铰刀上有修光部分，进给量可以选大些 | 铰削钢料时，$f$ 可取 0.2~1.0 mm/r |

5. 铰孔时，切削液对孔径和孔的表面粗糙度有一定的影响，具体见表 4-21。

表 4-21　铰孔时切削液对孔径和表面粗糙度的影响

| 切削液 | 水溶性切削液 | 油溶性切削液 | 干切削 |
|---|---|---|---|
| 对孔径的影响 | 铰出的孔径比铰刀的实际直径稍微小一些 | 铰出的孔径比铰刀的实际直径稍微大一些 | 铰出的孔径比铰刀的实际直径大一些 |
| 对表面粗糙度的影响 | 孔表面粗糙度值较小 | 孔表面粗糙度值次之 | 孔表面粗糙度值最大 |

根据切削液对孔径的影响，当使用新铰刀铰削钢料时，可选用 10%~15%的乳化液作为切削液，这样孔不容易扩大。当铰刀磨损到一定程度时，可用油溶性切削液，使孔径稍微扩大一些。铰削铸件时，可采用煤油作切削液。铰削青铜或铝合金时，可用 L-FD-2 轴承油或煤油。

## 操作提示

铰通孔的操作方法如下：

1. 摇动尾座手轮，使铰刀的引导部分轻轻进入孔口，深度为 1~2 mm。

2. 启动车床，加注充分的切削液，双手均匀摇动尾座手轮，进给量约为 0.5 mm/r，均匀地进给至铰刀切削部分 3/4 超出孔尾端时，即反向摇动尾座手轮，铰刀从孔内退出。此时，工件应继续做主运动。

3. 将内孔擦净后，检查孔径尺寸。

铰削时的注意事项如下：

1. 选用铰刀时应检查刃口是否锋利，柄部是否光滑。
2. 铰孔时，铰刀的中心线必须与车床主轴轴线重合。
3. 根据选定的切削速度和孔径大小调整车床转速。
4. 安装铰刀时，应注意锥柄和锥套的清洁。
5. 铰刀由孔内退出时，车床主轴应仍保持正转不变，切不可反转，以防损坏铰刀刃口和加工表面。
6. 应先试铰，以免造成废品。

### 三、零件加工

1. 根据零件图样，填写手电筒筒身内腔加工工序卡片（见表 4-22）。

**表 4-22　手电筒筒身内腔加工工序卡片**

| 机械加工工序卡片 | 产品型号 | | 零件图号 | | | |
|---|---|---|---|---|---|---|
| | 产品名称 | | 零件名称 | | 共　页 | 第　页 |

| | | | |
|---|---|---|---|
| 车间 | 工序号 | 工序名称 | 材料牌号 |
| | | | |
| 毛坯种类 | 毛坯外形尺寸 | 每毛坯可制件数 | 每台件数 |
| | | | |
| 设备名称 | 设备型号 | 设备编号 | 同时加工件数 |
| | | | |

| | | | |
|---|---|---|---|
| 夹具编号 | 夹具名称 | 切削液 | |
| | | | |
| 工位器具编号 | 工位器具名称 | 工序工时/min | |
| | | 准终 | 单件 |
| | | | |

| 工步号 | 工步内容 | 工艺装备 | 主轴转速 $/r\cdot min^{-1}$ | 切削速度 $/m\cdot min^{-1}$ | 进给量 $/mm\cdot r^{-1}$ | 背吃刀量 /mm | 进给次数 | 工步工时 机动 | 工步工时 辅助 |
|---|---|---|---|---|---|---|---|---|---|
| 1 | | | | | | | | | |
| 2 | | | | | | | | | |
| 3 | | | | | | | | | |
| 4 | | | | | | | | | |
| 5 | | | | | | | | | |
| 6 | | | | | | | | | |
| | | | | | | | | | |
| | | | | | | | | | |

| | | | | | | | | | | | | | | |
|---|---|---|---|---|---|---|---|---|---|---|---|---|---|---|
| | | | | | | | | | | 设计（日期） | 校对（日期） | 审核（日期） | 标准化（日期） | 会签（日期） |
| 标记 | 处数 | 更改文件号 | 签字 | 日期 | 标记 | 处数 | 更改文件号 | 签字 | 日期 | | | | | |

2. 在车床上完成手电筒筒身内腔加工，并填写完成加工过程（见表4-23）。

**表4-23　手电筒筒身内腔加工过程**

| 车削步骤 | 车削内容 | 图示 |
|---|---|---|
| ①装夹工件 | • 手电筒筒身外形经过滚花加工，应________装夹；<br>• 找正工件，保证工件的中轴线与主轴轴线重合，必要时，可用百分表测量调整 | 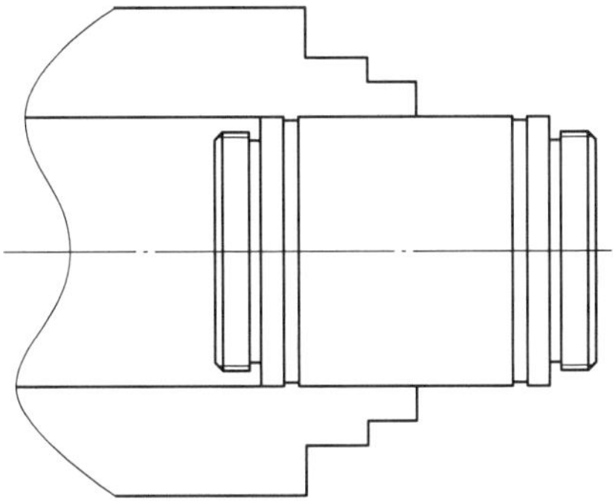 |
| ②钻底孔 | • 工件两端对称，一个端面有中心孔，一端无，若无中心孔，先钻中心孔；<br>• 安装 $\phi$9.8 mm 的麻花钻，该麻花钻安装在________上；<br>• 转速 $n$=________ r/min；<br>• 钻孔深度为________ mm；<br>• 浇注切削液为________ | 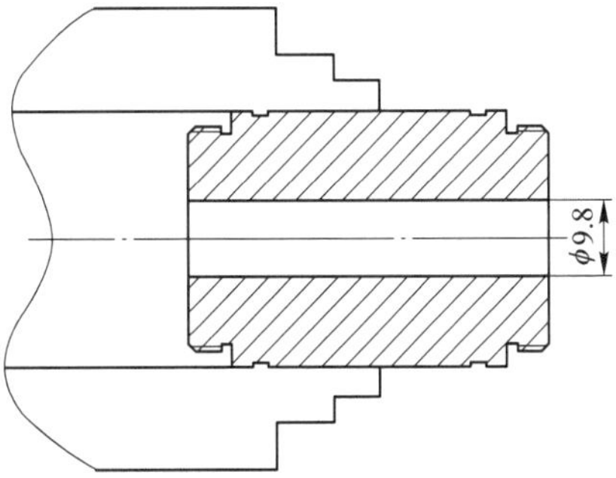 |
| ③扩孔 | • 先将 $\phi$9.8 mm 拆下，安装 $\phi$20 mm 的麻花钻，该麻花钻为锥柄，直接安装________上；<br>• 转速 $n$=________ r/min；<br>• 该扩孔加工，背吃刀量 $a_p$应该为________ mm；<br>• 浇注切削液为________ | 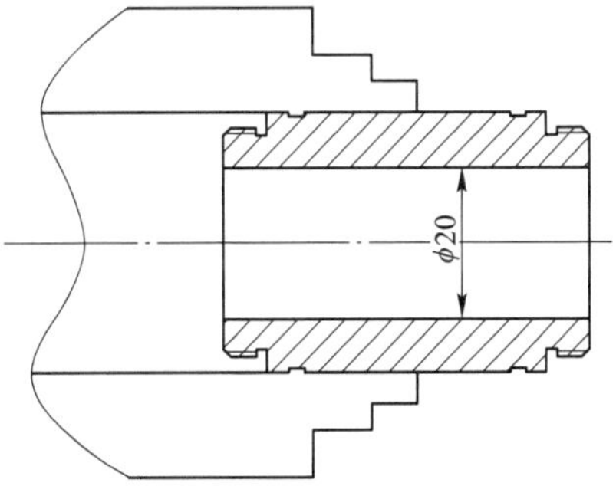 |
| ④车孔 | • 选用直径________ mm 的内孔车刀；<br>• 装夹内孔车刀，刀头长度应伸出________ mm；<br>• 转速 $n$=________ r/min；<br>• 进给量 $f$=________ mm/r；<br>• 车削过程中，应剩________ mm 铰削余量，外圆车至________ mm；<br>• 表面粗糙度须达________ μm | 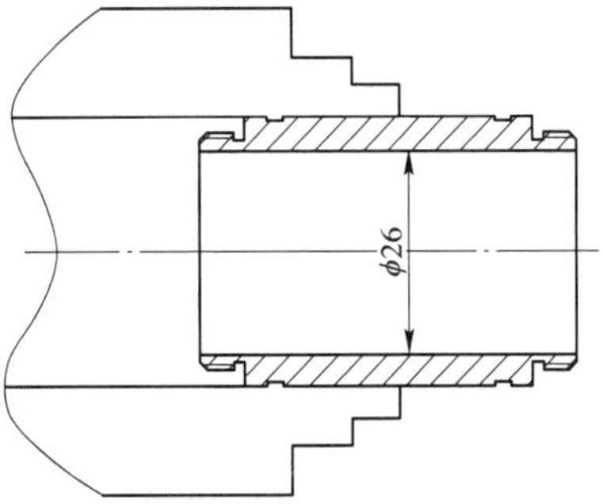 |

续表 4-23

| 车削步骤 | 车削内容 | 图示 |
| --- | --- | --- |
| ⑤铰孔 | • 选用__________的铰刀；<br>• 转速 $n=$________ r/min；<br>• 浇注切削液为________；<br>• 注意清洁铰刀上的细小切屑 | 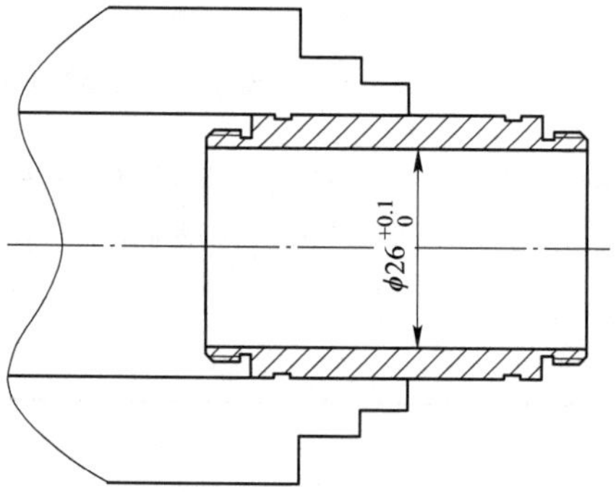 |



## 活动三 筒身内腔的测量及误差分析

### 学习目标

1. 掌握内孔测量方法。

2. 正确使用内径百分表对加工孔进行测量。

3. 正确规范地使用工量具，并对其进行合理保养和维护。

4. 掌握钻孔、车孔和铰孔的质量分析，并对手电筒筒身外形加工的零件进行产品质量分析。

5. 正确完成自测、组测，并根据检测结果正确填写检验报告。

### 教学时间

2 课时

### 学习准备

工作页、微课视频、检测工具

### 学习内容

#### 一、手电筒筒身零件的检测

对加工完成的手电筒筒身零件进行检测，并把检测的结果填入表 4-24。

**表 4-24　轴类零件检测表**

| 序号 | 考核项目 | 考查内容及要求 | 配分 | 评分标准 | 自评 | 组评 | 师评 |
|---|---|---|---|---|---|---|---|
| 1 | 内孔 | $\phi26^{+0.1}_{0}$ mm | 40 | 超差不得分 | | | |
| 2 | 加工流程 | 钻孔（是否浇注切削液等） | 10 | 不符合要求酌情扣分 | | | |
| 3 | | 车孔（是否振刀，装夹是否规范） | 10 | 不符合要求酌情扣分 | | | |
| 4 | 7S 管理 | 工量具使用情况 | 10 | 不符合要求酌情扣分 | | | |
| 5 | | 车床保养整理 | 10 | 不符合要求酌情扣分 | | | |
| 6 | 安全操作 | 安全操作机床 | 10 | 一处不合格扣 2 分，发生重大事故取消资格 | | | |
| 7 | | 工作服穿着 | 10 | 一处不合格扣 2 分 | | | |

1. 常用的孔测量量具有哪些？都适用于哪些场合？在实际生产中常用的是什么量具？

2. 本次手电筒筒身内腔是由内径百分表进行测量，查阅资料，简单地说明内径百分表的结构组成和常用规格有哪些？

## 相关理论

孔径的测量可采用游标卡尺、内卡钳、塞规、内测千分尺、内径千分尺、三爪内径千分尺和内径千分表等。具体量具的测量范围、使用场合见表 4-25。

**表 4-25　常见内孔孔径测量量具**

| 内孔量具 | 图　示 | 说　明 |
|---|---|---|
| 内卡钳 | 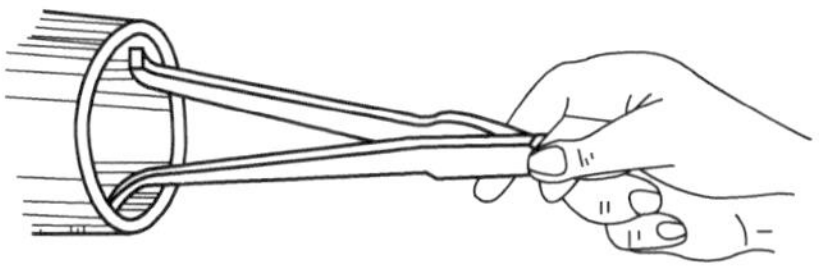 | 在孔口试车削或位置狭小时，使用内卡钳显得灵活方便，内卡钳配合千分尺也能测量精度较高（IT8~IT7）的孔径 |
| 塞规 | 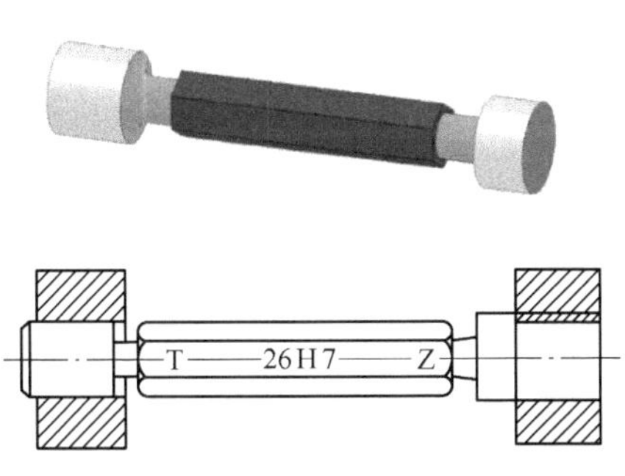 | 塞规的通端的基本尺寸等于孔的下极限尺寸 $L_{min}$，止端的基本尺寸等于孔的上极限尺寸 $L_{max}$。用塞规检验孔径时，若通端能进入工件的孔内，而止端不能进入工件的孔内，说明工件合格。该量具是定性检测而不是定量检测 |

续表 4-25

| 内孔量具 | 图 示 | 说 明 |
| --- | --- | --- |
| 内测千分尺 | 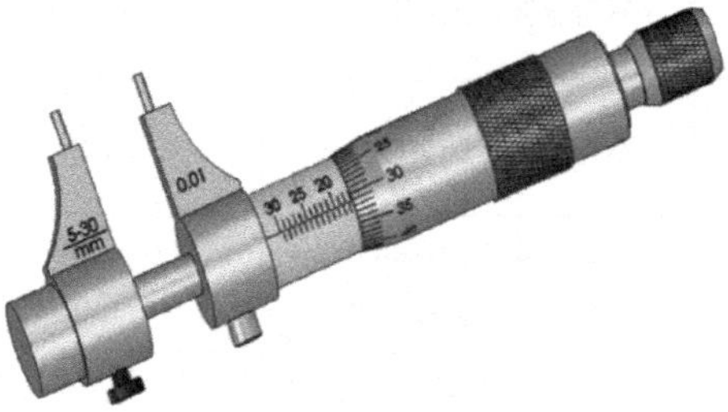 | 内测千分尺的测量范围为 5~30 mm 和 25~50 mm 等，内测千分尺的分度值为 0.01 mm。测量精度较高。测量深度较小的孔径时，可以采用内测千分尺，该量具与千分尺刻线相反，当微分筒顺时针旋转时，活动量爪向右移动，测量值增大，固定量爪和活动量爪即可测出工件的孔径尺寸 |
| 内径千分尺 | 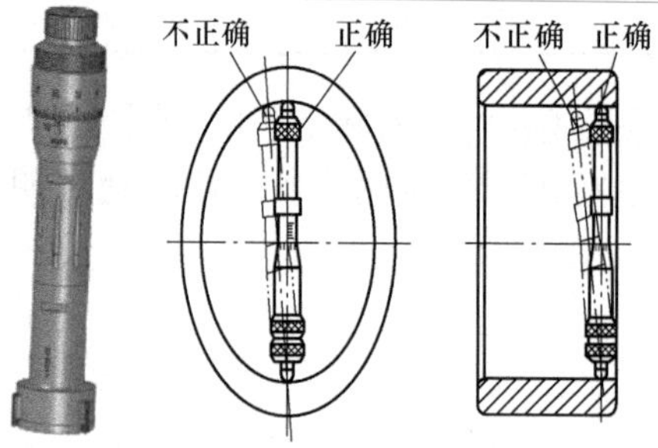 | 内径千分尺的测量范围为 50~250 mm、50~600 mm、150~1400 mm 等，其分度值为 0.01 mm。测量大于 $\phi$50 mm 的精度较高、深度较大的孔径时，可采用内径千分尺。此时，内径千分尺应在孔内摆动，在直径方向找最大读数，轴向找最小读数，两个重合的读数就是孔的实际尺寸 |
| 三爪内径千分尺 | 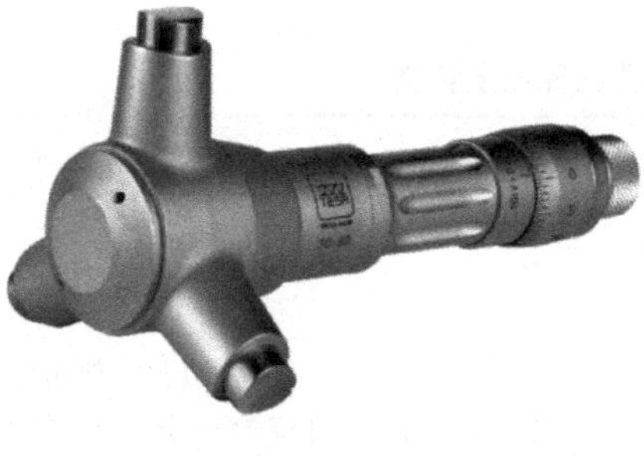 | 三爪内径千分尺的测量范围为 6~8 mm、8~10 mm 等；其分度值为 0.01 mm 或 0.005 mm。三爪内径千分尺用于测量 $\phi$6~$\phi$100 mm 的精度较高、深度较大的孔径。它的三个测量爪在很小幅度的摆动下，能自动地位于孔径的直径位置，此时的读数为孔的实际尺寸 |
| 内径百分表 | 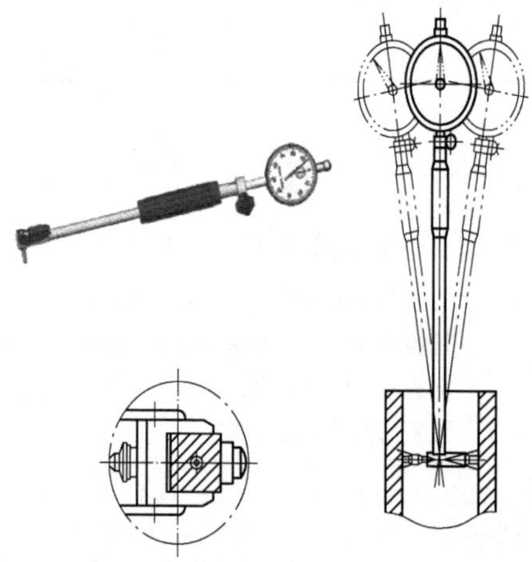 | 内径百分表的结构如左图所示，它是将百分表装夹在测架上，在测量头端部有一活动测量头，另一端的固定测量头可根据孔径的大小更换。为了便于测量，测量头旁边装有定心器。使用内径百分表测量属于比较测量法。测量时必须摆动内径百分表，所得的最小尺寸就是孔的实际尺寸 |

## 二、手电筒筒身内腔加工质量分析

1. 查阅资料（见表4-26），针对工件中出现的问题和废品种类，分析原因，找出改进措施。

**表4-26　车削内孔加工时产生废品的原因及预防方法**

| 废品种类 | 产生原因 | 预防方法 |
|---|---|---|
| 孔的尺寸大 | ①车孔时，没有仔细测量；<br>②铰孔时，主轴转速太高，铰刀温度上升，切削液供应不足；<br>③铰孔时，铰刀尺寸大于要求，尾座偏移 | ①仔细测量和进行试车削；<br>②降低主轴转速，加足充足的切削液；<br>③检查铰刀尺寸，校正尾座轴线，采用浮动套筒 |
| 孔的圆柱度超差 | ①车孔时，刀柄过细，刀刃不锋利，造成让刀现象，使孔径外大内小；<br>②车孔时，主轴中心线与导轨不平行；<br>③铰孔时，由于尾座偏移等原因使孔口扩大 | ①增加刀柄刚度，保证车刀锋利；<br>②调整主轴轴线与导轨的平行度；<br>③校正尾座，或采用浮动套筒 |
| 孔的表面粗糙度大 | ①车孔与车轴类工件表面粗糙度达不到要求的原因相似，具体见表2-33；<br>②内孔车刀磨损和刀柄产生振动；<br>③铰孔时，铰刀磨损或切削刃上有崩口、毛刺；<br>④铰孔时，切削液和切削速度选择不当，产生积屑瘤；<br>⑤铰孔余量不均匀和铰孔余量过大或过小 | ①具体见表2-33；<br>②保持内孔车刀的锋利和采用刚度较高的刀柄；<br>③修磨铰刀，刃磨后妥善保管，防止碰毛；<br>④铰孔时，采用5 m/min以下的切削速度，并正确选用和加注切削液；<br>⑤正确选择铰孔余量 |
| 同轴度和垂直度超差 | ①用一次装夹方法车削时，工件位移或机床精度不高；<br>②用软卡爪装夹时，软卡爪没有车好；<br>③用芯轴装夹时，芯轴中心孔碰毛，或芯轴本身同轴度超差 | ①工件装夹牢固，减少切削用量，调整车床精度；<br>②软卡爪应在本车床上车出，直径与工件装夹尺寸基本相同；<br>③芯轴中心孔应保护好，如碰毛可研修中心孔，如芯轴弯曲可校直或更换 |

2. 各小组选举一名质量监督人员，查看、统计小组完成的工件的废品率、合格率和返修率，并填写表4-27，完成产品质量统计。

**表4-27　手电筒筒身内腔产品质量统计**

| 产品状态 | 数量 | 百分比 | 备　注 |
|---|---|---|---|
| 合格 | | | |
| 返修 | | | |
| 报废 | | | |
| 返修后合格 | | | |
| 返修后报废 | | | |

# 活动四 工作总结与评价

## 学习目标

1. 结合自身情况，如实撰写工作总结和实训心得。
2. 分析总结小组完成任务的情况，能展示本任务的工作成果。
3. 发现问题，并能提出改进措施。

## 教学时间

2 课时

## 学习准备

工作页、展示白板

## 学习内容

### 一、个人自我评价

学生在分组小组内对本任务完成情况进行评价总结，提出在任务中遇到的困难，并给出设想的解决方法，完成自我评价的撰写。

### 二、小组评价

学生在分组小组内对本任务完成情况进行评价总结，小组内部进行评价，由小组选出优秀组员代表向全班作小组展示总结。

1. 展示的样品符合技术标准吗？

合格□　　良好□　　返修□　　报废□

2. 与其他组相比，本组的加工工艺：

工艺优化□　　工艺合理□　　工艺不合理□

3. 本小组展示总结表达：

很好□　　一般，需要补充□　　不清晰合理□

4. 手电筒筒身内腔的检测方法：

正确□　　部分正确□　　不正确□

5. 本小组的成员团队协作精神：

良好□　　一般□　　不足□

6. 手电筒筒身加工质量：

良好□　　一般□　　不足□

### 三、教师评价

教师对各小组任务完成情况分别作评价。

1. 找出各小组的优点进行表扬。
2. 对任务完成过程中各组提出的问题进行点评，提出改进方法。
3. 对整个任务过程中出现的亮点和不足进行点评。
4. 评选出本次任务最优秀小组和本任务 MVP 学员。

具体评价体系见表 4-28。

**表 4-28　任务评价体系表**

班级：____________　　学生姓名：____________　　学号：____________

| 项　目 | 自我评价 | | | 小组评价 | | | 教师评价 | | |
|---|---|---|---|---|---|---|---|---|---|
| | 10~9 | 8~6 | 5~1 | 10~9 | 8~6 | 5~1 | 10~9 | 8~6 | 5~1 |
| | 占总评 10% | | | 占总评 20% | | | 占总评 70% | | |
| 学习活动 1 | | | | | | | | | |
| 学习活动 2 | | | | | | | | | |
| 学习活动 3 | | | | | | | | | |
| 学习主动性 | | | | | | | | | |
| 团队精神 | | | | | | | | | |
| 安全文明 | | | | | | | | | |
| 操作规范性 | | | | | | | | | |
| 纪律观念 | | | | | | | | | |
| 工作态度 | | | | | | | | | |
| 工作页质量 | | | | | | | | | |
| 小计 | | | | | | | | | |
| 总评 | | | | | | | | | |

指导教师：　　　　　　年　月　日

# 学习任务五　手电筒尾盖加工

## · 学习目标

1. 正确阅读加工图纸，明确加工内容，加工数量等。
2. 查阅相关资料，明确加工技术要求，确定加工工艺，并能正确填写加工工艺过程卡片。
3. 识别常用的刀具材料，根据零件的材料和形状特征，通过查阅资料合理选择刀具。
4. 根据加工零件材料、刀具材料和加工性质等因素，查阅切削手册，确定切削用量三要素，并能运用切削速度计算公式，计算相应的转速。
5. 根据实训场地条件，查阅相关资料，确定符合加工技术要求的工、量、夹具，辅助用品和切削液。
6. 理解圆锥的基本知识，并能正确计算圆锥的参数。
7. 了解车外圆锥的加工方法，并且能熟练掌握转动小滑板法车外圆锥的加工方法。
8. 了解丝锥的几何结构和工作原理，并且能合理选择正确的丝锥。
9. 正确掌握丝锥攻螺纹的加工方法。
10. 了解端面槽的种类及作用，了解端面槽刀的几何形状和装刀方法。
11. 正确掌握车端面槽的加工方法。
12. 按照图纸要求，加工出所需的产品。
13. 按车间规定完成工量具领取单和归还单。
14. 正确地对已加工零件进行测量和产品质量分析。
15. 根据车间 7S 管理方案进行正确地摆放零件和各种工量具等。
16. 主动获取有效信息，展示成果，并能对组员和自我进行有效评价。

## · 建议课时

18 课时

## · 工作情境描述

学校产学研部门对车工实训班组所加工的手电筒筒身进行了质量检查，发现合格率较好，现将手电筒尾盖的加工任务下发至该班组，同样数量为 50 只，交货期为 3 周，来料加工，加工原材料为上次任务切断剩余材料。

本次任务的加工图纸如图 5-1 所示。

## · 工作流程与活动

1. 尾盖的工艺分析（2 课时）。

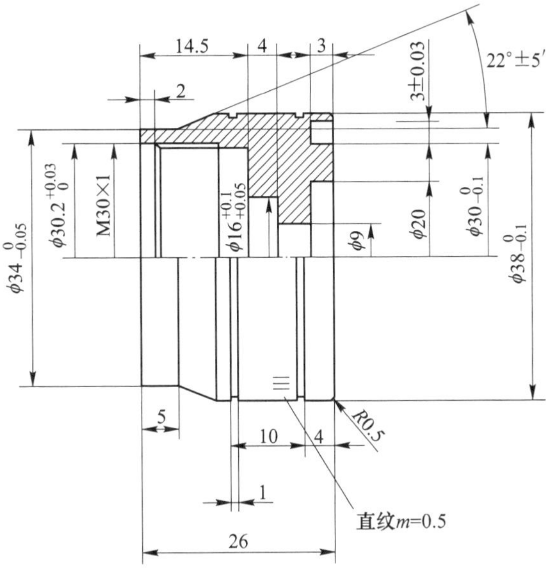


图 5-1　加工图纸

2. 尾盖外形加工（6 课时）。
3. 尾盖内腔加工（6 课时）。
4. 尾盖的测量及误差分析（2 课时）。
5. 工作总结与评价（2 课时）。

# 活动一　尾盖的工艺分析

## 学习目标

1. 阅读生产任务单，明确加工数量和完成时间。
2. 识读任务图样，明确加工要求、技术要求、尺寸精度等。
3. 正确识读加工工艺过程卡片，并能按要求填写完成工艺过程卡片。

## 教学时间

2 课时

## 学习准备

工作页、机械手册

## 学习内容

### 一、阅读生产任务清单，明确加工任务

本次生产任务的清单见表 5-1。

**表 5-1　生产任务清单**

| 需方单位名称 | | | | 完成日期 | 年　月　日 | |
|---|---|---|---|---|---|---|
| 序号 | 产品名称 | 材料 | 数量 | 技术标准、质量要求 | | |
| 1 | 手电筒尾盖加工 | 45 号钢 | 50 | 按图样要求 | | |
| 2 | | | | | | |
| 3 | | | | | | |
| 生产批准时间 | | 年　月　日 | 批准人 | | | |
| 通知任务时间 | | 年　月　日 | 发单人 | | | |
| 接单时间 | | 年　月　日 | 接单人 | | 生产班组 | 车工实训班组 |

1. 请根据生产任务单表 5-1，明确完成的数量和毛坯，并正确填写在下面。

零件的完成数量：__________件；

零件的毛坯：______________。

2. 各个小组根据小组的实际情况接受加工订单数量，将完成数量填在下列表格中，完成表格 5-2 的填写。

**表 5-2　小组产品接单数量**

| 任务单位 | | 车工实训班组 | | 完成日期 | 年　月　日 | |
|---|---|---|---|---|---|---|
| 序号 | 产品名称 | 材料 | 数量 | 技术标准、质量要求 | | |
| 1 | 手电筒尾盖加工 | 45 号钢 | 50 | 按图样要求 | | |
| 2 | | | | | | |
| 3 | | | | | | |
| 接单时间 | | 年　月　日 | 接单人 | | 生产班组 | |

## 二、识读零件图

手电筒尾盖零件图如图 5-1 所示。

1. 识读零件图 5-1，详细说明该零件所需的加工内容有哪些？
2. 该零件的尺寸精度要求有哪些？完成表 5-3 的填写。

**表 5-3　轴类零件尺寸精度分析**

| 尺寸/mm | 加工内容 | 基本尺寸/mm | 公差/mm | 表面粗糙度/μm |
|---|---|---|---|---|
| | | | | |
| | | | | |
| | | | | |

续表 5-3

| 尺寸/mm | 加工内容 | 基本尺寸/mm | 公差/mm | 表面粗糙度/μm |
|---|---|---|---|---|
| | | | | |
| | | | | |
| | | | | |
| | | | | |
| | | | | |

3. 本次任务中，需加工圆锥面，查阅相关资料，试着完成下面内容。

（1）标出图 5-2 中的圆锥几何参数：

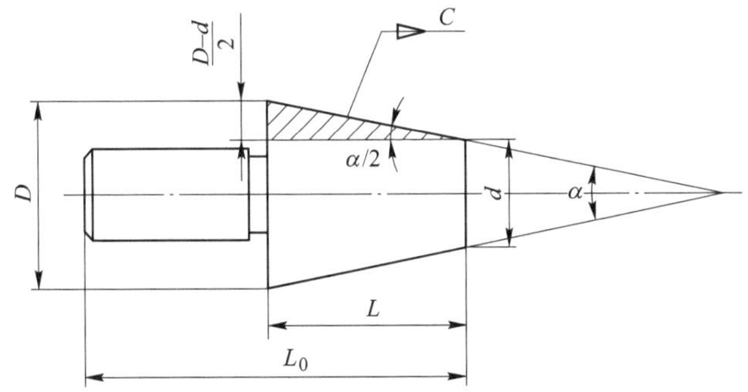


图 5-2　圆锥几何参数

$D$ 表示________________，$d$ 表示________________，$L$ 表示________________；

$L_0$表示________________，$\alpha$ 表示________________，$\alpha/2$ 表示________________；

$C$ 表示锥度，其计算公式是________________，$\tan\alpha/2=$________________。

（2）假设车削一圆锥，已知锥度 $C$ 为 1∶5，最大圆锥直径为 45 mm，圆锥长度为 50 mm，求最小圆锥直径。

（3）根据机械制图所学，圆锥有几种标注方法？都需要如何标注？

（4）请查阅资料，说明常用的标准工具圆锥有哪些，有什么特点。

4. 本次加工的尾盖零件中，需要加工内螺纹，查阅资料，指出该内螺纹是哪一种类的内螺纹，其大径、螺距分别是多少。

## 三、填写工艺过程卡片

根据手电筒尾盖图样，填写加工工艺过程卡片（见表 5-4）。

本次尾盖加工采用的是长棒料（前任务切断剩余材料），加工时要注意装夹方法，一般在加工过程中，是先加工外形再加工内腔，最后切断加工流程，请各小组查阅资料，完成尾盖的加工工艺排布。

**表 5-4 尾盖加工工艺卡片**

| | | | | | |
|---|---|---|---|---|---|
| 机械加工工艺过程卡片 | 产品型号 | | 零（部）件图号 | | 共 1 页 |
| | 产品名称 | 手电筒尾盖 | 零部件名称 | 尾盖 | 第 1 页 |

| | | | | | | | | | | | |
|---|---|---|---|---|---|---|---|---|---|---|---|
| 材料牌号 | 45 号钢 | 毛坯种类 | 锻件 | 毛坯外形尺寸 | 手电筒尾盖 | 每坯件数 | 1 | 每台件数 | 1 | 备注 | |

| 工序号 | 工序名 | 工序内容 | 车间 | 设备 | 工艺装备 | 工时 | |
|---|---|---|---|---|---|---|---|
| | | | | | | 终结 | 单件 |
| 1 | | | | | | | |
| 2 | | | | | | | |
| 3 | | | | | | | |
| 4 | | | | | | | |
| 5 | | | | | | | |
| 6 | | | | | | | |
| 7 | | | | | | | |

| | | | | | | | |
|---|---|---|---|---|---|---|---|
| | | | 编制 | 编制日期 | 核对日期 | 会签日期 | 图号 |
| | | | | | | | |
| 标记 | 处数 | 更改文件签字 | | | | | |

## 相关理论

1. 圆锥分为外圆锥和内圆锥两种，如图 5-3 所示。

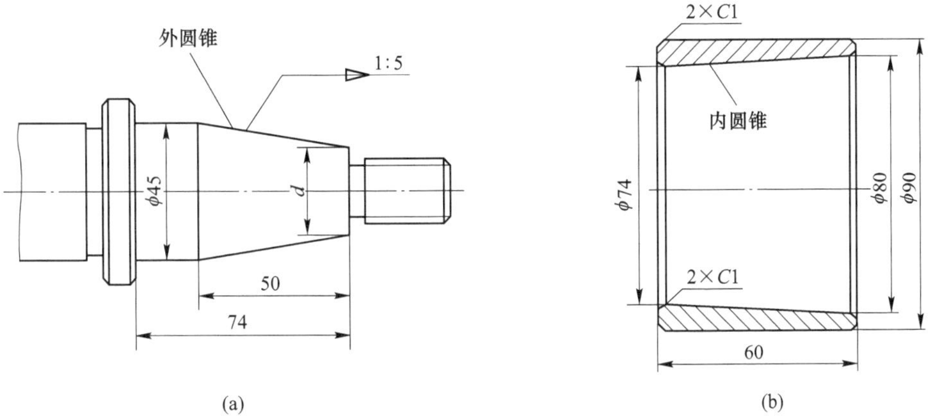


图 5-3　圆锥工件
（a）带外圆锥的工件；（b）带内圆锥的工件

圆锥的基本参数具体见表 5-5。

**表 5-5　圆锥的基本参数及其计算公式**

<table>
<tr><td>图示</td><td colspan="4">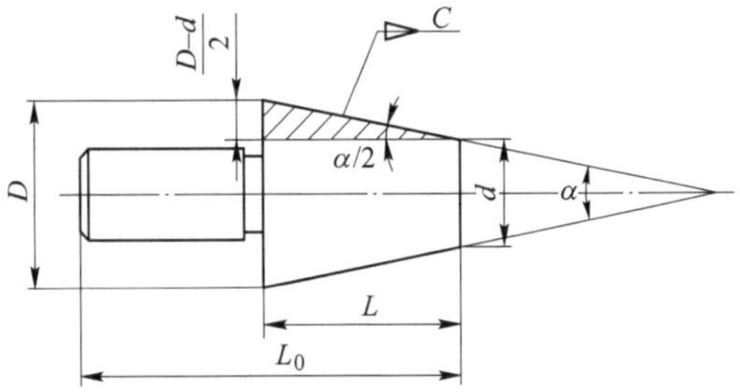
</td></tr>
<tr><td>基本参数</td><td>代号</td><td>定义</td><td colspan="2">计算公式</td></tr>
<tr><td>圆锥角</td><td>$\alpha$</td><td>在通过圆锥轴线的截面内，两条素线的夹角</td><td></td><td rowspan="3">圆锥角、圆锥半角与锥度属于同一参数，不能同时标注</td></tr>
<tr><td>圆锥半角</td><td>$\alpha/2$</td><td>圆锥角的一半，是车圆锥面时小滑板转过的角度</td><td>$\tan\frac{\alpha}{2}=\frac{D-d}{2L}=\frac{C}{2}$</td></tr>
<tr><td>锥度</td><td>$C$</td><td>圆锥的最大圆锥直径和最小圆锥直径的差与圆锥长度之比，锥度用比例或者分数形式表示</td><td>$C=\frac{D-d}{L}=2\tan\frac{\alpha}{2}$</td></tr>
</table>

续表 5-5

| 基本参数 | 代号 | 定义 | 计算公式 |
| --- | --- | --- | --- |
| 最大圆锥直径 | $D$ | 简称大端直径 | $D = d + CL = d + 2\tan\dfrac{\alpha}{2}$ |
| 最小圆锥直径 | $d$ | 简称小端直径 | $d = D - CL = D - 2L\tan\dfrac{\alpha}{2}$ |
| 圆锥长度 | $L$ | 最大圆锥直径和最小圆锥直径之间的垂直距离<br>工件全长用 $L_0$ 表示 | $L = \dfrac{D-d}{c} = \dfrac{D-d}{2\tan\dfrac{\alpha}{2}}$ |

2. 为了制造和使用方便，降低生产成本，在机床上、工具上和刀具上的圆锥已实现标准化，即圆锥的基本参数都符合几个号码的规定。使用时，只要号码相同，即能互换。标准工具圆锥已在国际上通用，不论哪个国家生产的机床和工具，只要符合标准都能互换。常用的标准工具圆锥有莫氏圆锥和米制圆锥两种，其具体特点见表 5-6。

**表 5-6 常用的圆锥**

| 标准工具圆锥 | 特 点 | 适 用 场 合 |
| --- | --- | --- |
| 莫氏圆锥 | 莫氏圆锥共有莫氏 0 号、1 号、2 号、3 号、4 号、5 号和 6 号 7 种，其中最小的为 0 号，最大的为 6 号。莫氏圆锥号码不同，其线性尺寸和圆锥半角均不同 | 是机械制造业中使用最为广泛的一种，如在车床上的主轴锥孔、顶尖锥柄、麻花钻锥柄和铰刀锥柄等都是莫氏圆锥 |
| 米制圆锥 | 米制圆锥共有 7 个号码，即 4 号、6 号、80 号、100 号、120 号、160 号和 200 号。它们的号码是指圆锥的大端直径，而锥度固定不变，即 $C=1:20$ | 锥度不变，记忆方便 |

# 活动二 尾盖外形加工

## 学习目标

1. 掌握车削圆锥的几种方法，并能够使用转动小滑板法车圆锥。
2. 根据加工要求正确计算出小滑板的转动角度，并能在教师的指导下正确调整小滑板间隙。
3. 根据加工要求，正确装夹工件和安装刀具。
4. 掌握圆锥的检测方法，并能对圆锥进行产品质量分析。
5. 完成手电筒尾盖外形加工。

## 教学时间

6 课时

## 学习准备

工作页、机械手册、微课视频

# 学习内容

## 一、分析图纸

本次任务的加工图纸如图 5-4 所示。

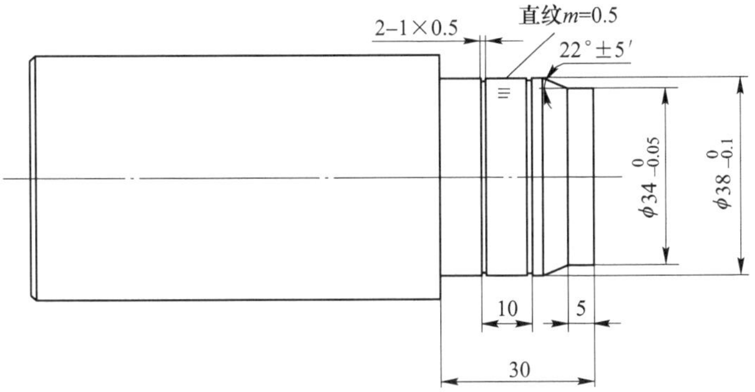


图 5-4　手电筒尾盖外形加工

1. 本次加工为尾盖加工的前序任务，毛坯为长棒料，如图 5-4 所示，加工出外形需要哪些加工内容？其尺寸精度要求有哪些？

2. 查阅资料，试计算出该零件圆锥的各个参数，完成表 5-7。

**表 5-7　尾盖圆锥参数**

| 参　数 | 符　号 | 数　值 |
|---|---|---|
| 圆锥最大直径 | | |
| 圆锥最小直径 | | |
| 圆锥长度 | | |
| 锥度 | | |
| 圆锥半角 | | |

## 二、领取材料

在指导老师指导下，结合图纸分析，填写领取的工量刀具清单（见表 5-8）。

**表 5-8　工量刀具清单**

| 序号 | 名　称 | 规　格 | 数量 | 领用人 |
|---|---|---|---|---|
| 1 | 90°车刀 | 硬质合金可转位车刀 | 1 | |
| 2 | 滚花刀 | 直纹 | | |
| 3 | | | | |
| 4 | | | | |
| 5 | | | | |

## 三、零件加工工序

根据零件图样，填写手电筒尾盖外形加工工序卡片（见表 5-9）。

**表 5-9 手电筒尾盖外形加工工序卡片**

| | | | | | | |
|---|---|---|---|---|---|---|
| 机械加工工序卡片 | 产品型号 | | 零件图号 | | | |
| | 产品名称 | | 零件名称 | | 共 页 | 第 页 |
| | 车间 | 工序号 | 工序名称 | 材料牌号 | | |
| | | | | | | |
| | 毛坯种类 | 毛坯外形尺寸 | 每毛坯可制件数 | 每台件数 | | |
| | | | | | | |
| | 设备名称 | 设备型号 | 设备编号 | 同时加工件数 | | |
| | | | | | | |
| | 夹具编号 | 夹具名称 | 切削液 | | | |
| | | | | | | |
| | 工位器具编号 | 工位器具名称 | 工序工时/min | | | |
| | | | 准终 | 单件 | | |
| | | | | | | |

| 工步号 | 工步内容 | 工艺装备 | 主轴转速 /r·min$^{-1}$ | 切削速度 /m·min$^{-1}$ | 进给量 /mm·r$^{-1}$ | 背吃刀量 /mm | 进给次数 | 工步工时 | |
|---|---|---|---|---|---|---|---|---|---|
| | | | | | | | | 机动 | 辅助 |
| 1 | | | | | | | | | |
| 2 | | | | | | | | | |
| 3 | | | | | | | | | |
| 4 | | | | | | | | | |
| 5 | | | | | | | | | |
| 6 | | | | | | | | | |
| | | | | | | | | | |
| | | | | | | | | | |

| | | | | | | | | | | | | | | |
|---|---|---|---|---|---|---|---|---|---|---|---|---|---|---|
| | | | | | | | | | | 设计（日期） | 校对（日期） | 审核（日期） | 标准化（日期） | 会签（日期） |
| 标记 | 处数 | 更改文件号 | 签字 | 日期 | 标记 | 处数 | 更改文件号 | 签字 | 日期 | | | | | |

## 相关理论

1. 圆锥面的车削方法主要有转动小滑板法、偏移尾座法、仿形法和宽刃刀车削法等。各种方法适用场合见表 5-10。

**表 5-10　车圆锥的方法**

| 车圆锥的方法 | 适 用 场 合 |
| --- | --- |
| 转动小滑板法 | 适合加工圆锥半角较大且锥面不长的工件 |
| 偏移尾座法 | 适宜加工锥度小、精度不高、锥体较长的外圆锥工件 |
| 仿形法 | 一般适用于圆锥半角 $\alpha/2<12°$ 的工件 |
| 宽刃刀车削法 | 使用于较短圆锥的精车工序 |

2. 转动小滑板法是把小滑板按工件的圆锥半角 $\alpha/2$ 转动一个相应的角度，采取用小滑板进给的方式，使车刀的运动轨迹与所要车削的圆锥素线平行，如图 5-5 所示。

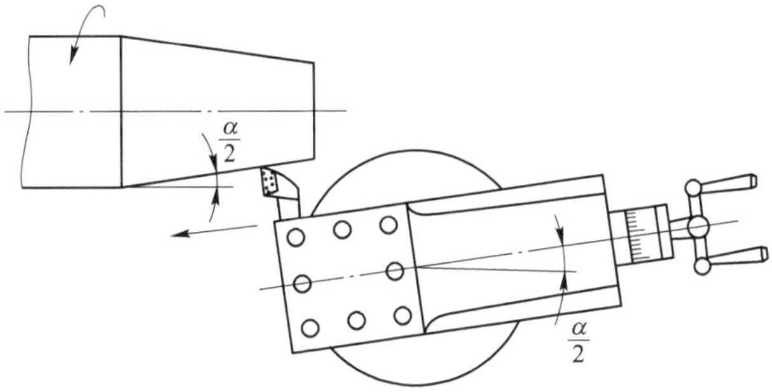


图 5-5　转动小滑板法车外圆锥

（1）车外圆锥时，如果最大圆锥直径靠近主轴，最小圆锥直径靠近尾座，小滑板应沿逆时针方向转动一个圆锥半角 $\alpha/2$；反之，则应顺时针方向转动一个圆锥半角 $\alpha/2$。

（2）由于圆锥的角度标注方法不同，有时图样上没有直接标注出圆锥半角 $\alpha/2$，这时就必须经过换算，才能得出小滑板应转动的角度。换算原则是把图样上所标注的角度，换算成圆锥素线与车床主轴轴线的夹角 $\alpha/2$。

（3）转动小滑板法车圆锥的特点如下：

1）可以车削各种角度的内外圆锥，适用范围广。

2）操作简便，能保证一定的车削精度。

3）由于小滑板只能用手动进给，故劳动强度较大，表面粗糙度也较难控制，而且车削锥面的长度受小滑板行程限制。

### 四、加工步骤

在表 5-11 中根据图例及车削步骤，填写完整手电筒尾盖外形加工内容，并根据步骤完成尾盖的加工。

**表 5-11　手电筒尾盖外形加工流程**

| 车削步骤 | 车削内容 | 图　示 |
| --- | --- | --- |
| ①根据图样计算 | ● 确定小滑板的转动角度，根据工件图样选择相应的公式计算出 $\alpha/2$，即小滑板转动的角度。<br>● 本次小滑板转动________。 | |
| ②调整小滑板间隙 | ● 车圆锥前，应检查和调整小滑板导轨与镶条间的配合间隙。<br>● 如果调得过紧，手动进给时费力，刀具移动不均匀；如果调得过松，造成小滑板间隙太大。两者均会使车出的圆锥表面粗糙度差且母线不直。<br>● 车削前还要应根据圆锥长度调整小滑板的行程长度 | |
| ③装夹工件 | ● 用________装夹工件；<br>● 装夹工件时，工件的旋转中心必须与主轴轴线________，找正后夹紧工件；<br>● 钻中心孔 | 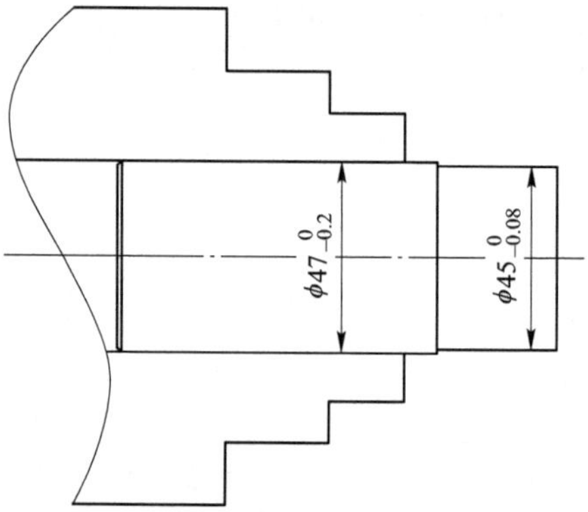 |
| ④粗车外圆 | ● 安装________车刀；<br>● 粗车 $\phi38$ mm 外圆至________，该外圆部分需要进行滚花加工，滚花加工前直径应车至小于（________）$m$，$m=0.5$；<br>● 粗车 $\phi34$ mm 外圆至________，剩余________ mm 精车余量 | 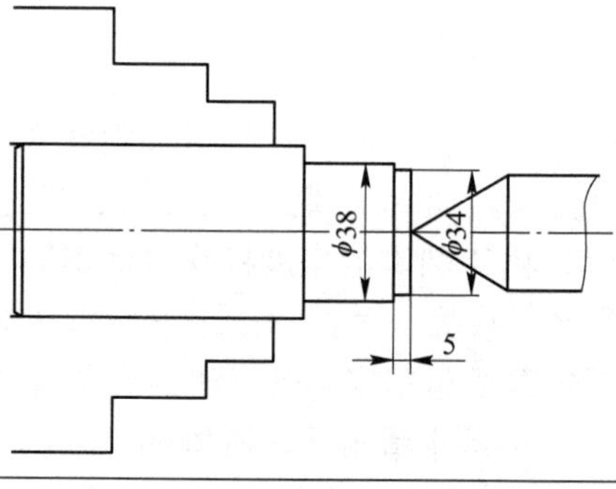 |
| ⑤滚花 | ● 选用________的滚花刀；<br>● 转速 $n=$________ r/min；<br>● 浇注切削液为________ | 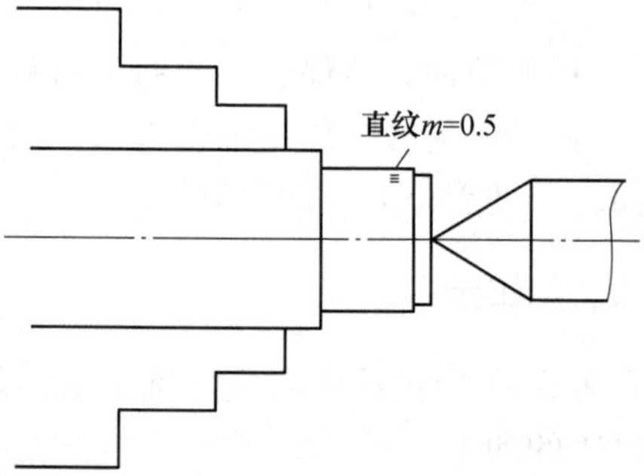 |

续表 5-11

| 车削步骤 | 车削内容 | 图　示 |
|---|---|---|
| ⑥精车外圆 | • 精车 $\phi34$ mm 外圆至尺寸；<br>• 精车 $\phi38$ mm 外圆至尺寸；<br>• 转速 $n$=________ r/min；<br>• 进给量 $f$=________ mm/r | 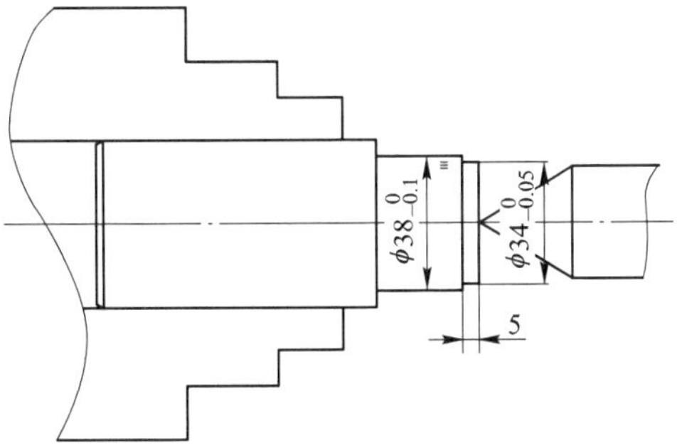 |
| ⑦转动小滑板 | • 转动小滑板，把小滑板下面转盘上的两个螺母应________，把转盘转至所需要的________的刻度线，与基准零线________，然后固定转盘上的母线；<br>• 最大圆锥直径靠近主轴，最小圆锥直径靠近尾座，小滑板应沿________方向转动一个圆锥半角 $\alpha/2$；反之，则应________方向转动一个圆锥半角 $\alpha/2$ | |
| ⑧车圆锥 | • 用双手配合均匀不间断地转动小滑板手柄，手动进给分层车削圆锥面，再将转盘上的螺母松开，将小滑板恢复到原来零位再紧固；<br>• 因受小滑板行程的限制，只能加工________不长的工件；<br>• 转速 $n$=________ r/min | 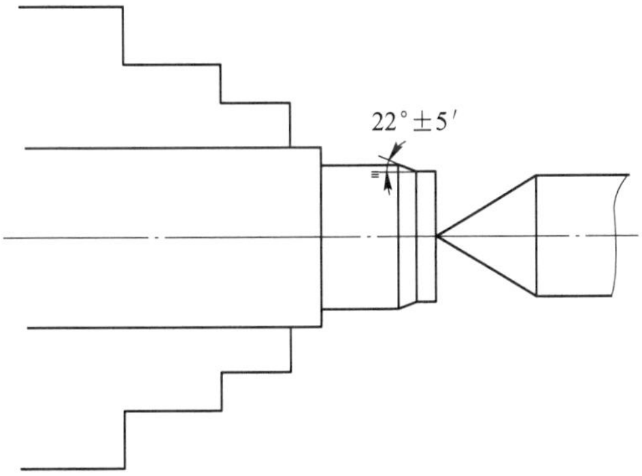 |
| ⑨车槽、倒角 | • 选用刀头宽度为________ mm 的槽刀；<br>• 按图示车槽；<br>• 倒角，未注倒角 $C0.5$，其余倒钝 | 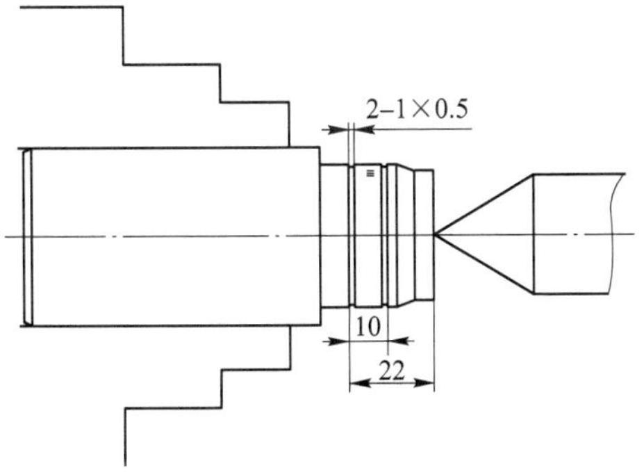 |

## 五、零件检测和质量分析

1. 对已完成的零件进行检测，并完成填写检测评价表5-12。

**表5-12　手电筒尾盖外形加工评价表**

| 序号 | 考核项目 | 考查内容及要求 | 配分 | 评分标准 | 自评 | 组评 | 师评 |
|---|---|---|---|---|---|---|---|
| 1 | 外圆 | $\phi34_{-0.05}^{0}$ mm | 10 | 超差不得分 | | | |
| 2 | | $\phi38_{-0.1}^{0}$ mm | 10 | 超差不得分 | | | |
| 3 | 长度 | 10 mm | 5 | 超差不得分 | | | |
| 4 | | 30 mm | 5 | 超差不得分 | | | |
| 5 | | 5 mm | 5 | 超差不得分 | | | |
| 6 | | 22 mm | 5 | 超差不得分 | | | |
| 7 | 倒角 | 倒角、倒钝 | 6 | 未倒不得分 | | | |
| 8 | 表面粗糙度 | $Ra$3.2 μm | 4 | 超差不得分 | | | |
| 9 | 槽 | 1×0.5(2处) | 10 | 超差不得分 | | | |
| 10 | 圆锥面 | 22°±5′ | 10 | 超差不得分 | | | |
| 11 | 网纹 | 直网 $m$=0.5 | 10 | 不符合要求酌情扣分 | | | |
| 12 | 7S管理 | 工量具使用情况 | 5 | 不符合要求酌情扣分 | | | |
| 13 | | 车床保养整理 | 5 | 不符合要求酌情扣分 | | | |
| 14 | 安全操作 | 安全操作机床 | 5 | 一处不合格扣2分，发生重大事故取消资格 | | | |
| 15 | | 工作服穿着 | 5 | 一处不合格扣2分 | | | |

2. 在车床上完成加工，将加工过程中出现的问题记录下来，并分析问题写出改进措施。

## 相关理论

### 圆锥的角度和锥度检测

1. 用游标万能角度尺测量圆锥的角度和锥度：

（1）游标万能角度尺简称万能角度尺，其结构如图5-6所示，可以测量0°~320°范围内的任意角度。测量时基尺带着尺身沿着游标转动，当转到所需角度时，可以用制动器锁紧。卡块将直角尺和直角固定在所需位置上。测量时转动背面的捏手，通过小齿轮转动扇形齿轮，使基尺改变角度。

（2）游标万能角度尺的分度值一般有2′和5′两种。游标万能角度尺的读数方法和游标卡尺相似，下面以常见的分度值为2′的万能角度尺为例，介绍其读数方法，具体见表5-13。

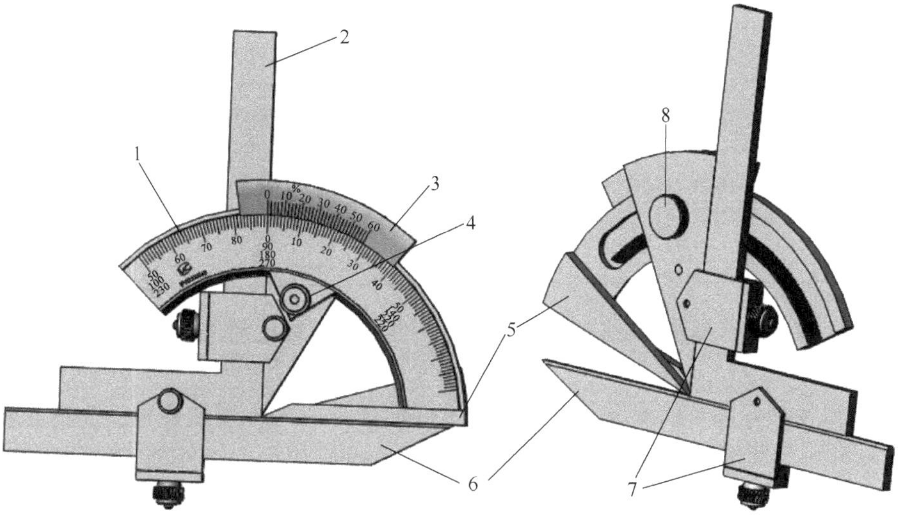


(a)　　　　(b)

图 5-6　游标万能角度尺

（a）主视图；（b）后视图

1—尺身；2—直角尺；3—游标；4—制动器；5—基尺；6—直尺；7—卡块；8—捏手

**表 5-13　游标万能角度尺的读数方法**

| 步骤 | 说　明 | 图　示 |
|---|---|---|
| 读整数 | 先从尺身上读出游标“0”线左边角度的整数度（°），尺身上每格为 1°，即整数度为 16° | 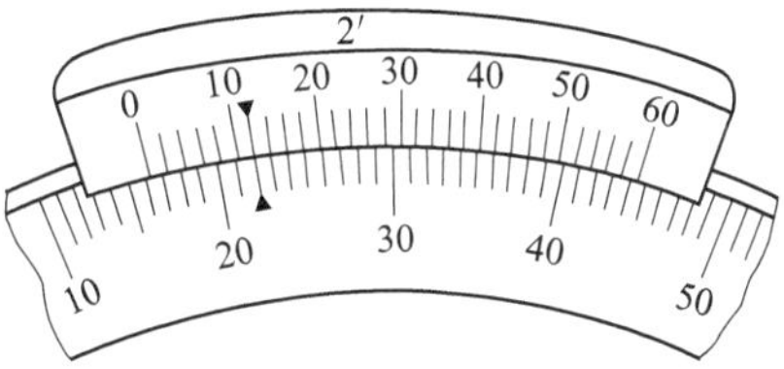 |
| 读小数 | 然后用与尺身刻线对齐的游标上的刻线格数，乘以游标万能角度尺的分度值，得到角度的“′”值，即 6×2＝12′ | |
| 最终读数 | 两者相加就是被测圆锥的角度值，即 16°＋12′＝16°12′ | |

（3）用游标万能角度尺测量圆锥的角度时，应根据角度的大小，选择不同的测量方法，见表 5-14。

**表 5-14　游标万能角度尺的测量方法**

| | | | | |
|---|---|---|---|---|
| 测量方法 |  |  | 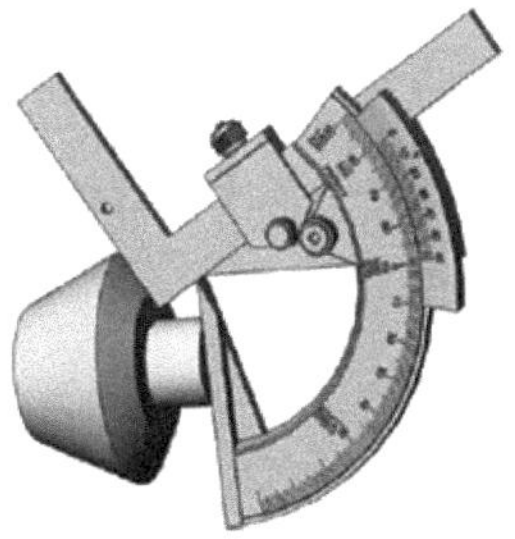 | 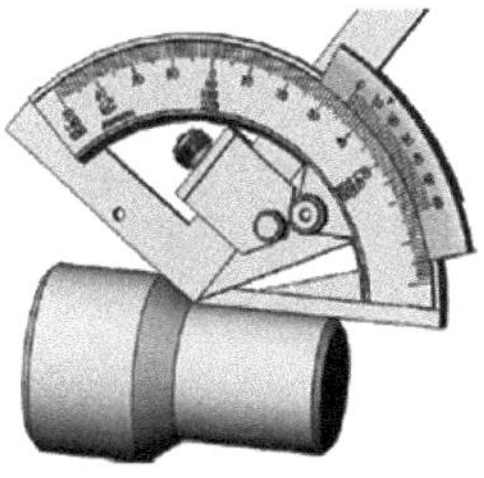 |

续表 5-14

| 测量的角度 | 0°~50° | 50°~140° | 140°~230° |
| --- | --- | --- | --- |
| 游标万能角度尺的变化 | 被测工件放在基尺和直尺的测量面之间 | 应卸下直角尺，用直尺代替 | 应卸下直尺，装上直角尺 |

若将直角尺和直尺都卸下，由基尺和尺身上的扇形板组成的测量面还可以测量角度为230°~320°的工件。

2. 用涂色法检验圆锥的角度和锥度。对于标准圆锥或配合精度要求较高的圆锥工件，一般用圆锥套规和圆锥塞规。圆锥套规（见图 5-7（a））用于检测外圆锥，圆锥塞规（见图 5-7（b））用于检测内圆锥。

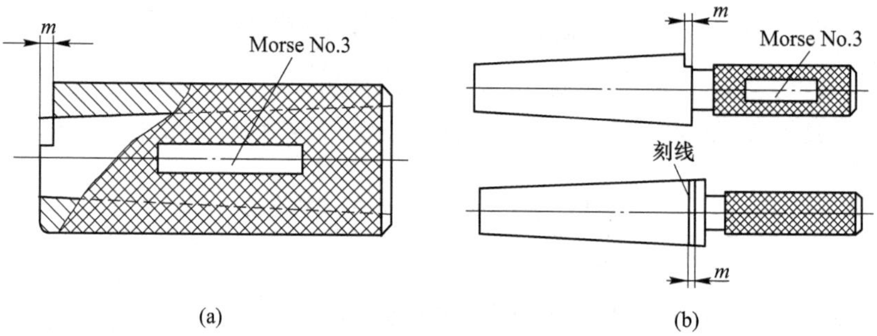


图 5-7　圆锥界限量规

（a）圆锥套规；（b）圆锥塞规

（Morse 为莫氏锥度；No. 3 为号码）

用圆锥套规检验外圆锥时，要求工件和套规的表面清洁，工件外圆锥的表面粗糙度 *Ra* 值小于 3.2 μm 且表面无毛刺，涂色法检验步骤见表 5-15。

**表 5-15　涂色法检验圆锥**

| 步　骤 | 图　示 |
| --- | --- |
| 首先在工件的圆周上，顺着圆锥素线薄而均匀地涂上 3 条显示剂（印油、红丹粉和机械油等的调和物） | 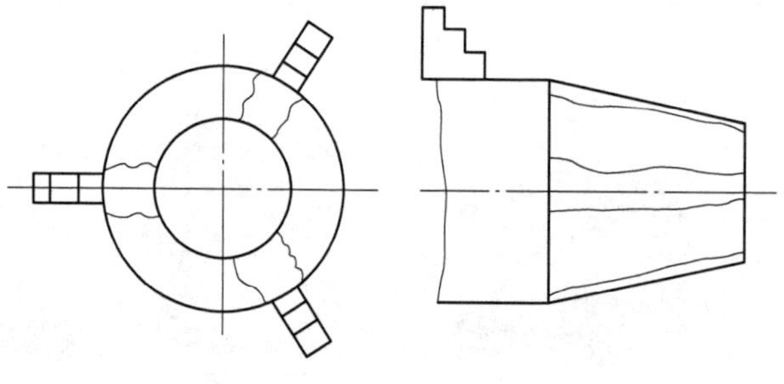 |

续表 5-15

| 步　骤 | 图　示 |
| --- | --- |
| 然后手握套规轻轻地套在工件上，稍加周向推力，并将套规转动半圈 | 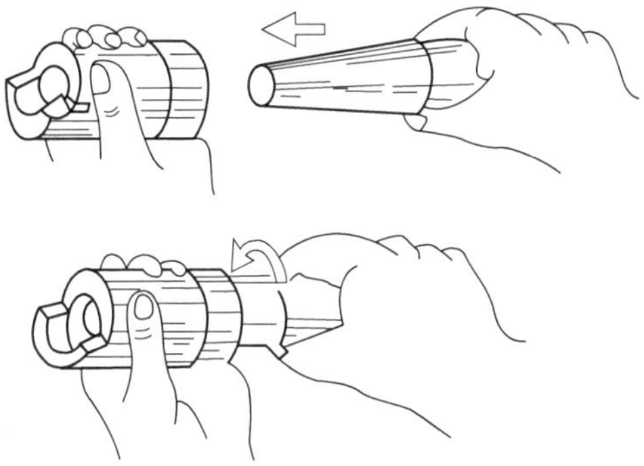 |
| 最后取下套规，观察工件表面显示剂被擦去的情况 | 若 3 条显示剂全长擦痕均匀，圆锥表面接触良好，说明锥度正确；若小端擦去，大端未擦去，说明工件圆锥角小；若大端擦去，小端未擦去，说明工件圆锥角大 |

## 圆锥质量分析

由于车削圆锥对操作者技能要求较高，在生产实际中，往往会因种种原因而产生缺陷，转动小滑板法车圆锥产生废品的原因及预防方法见表 5-16。

**表 5-16　加工圆锥产生废品的原因及预防方法**

| 废品种类 | 产 生 原 因 | 预 防 方 法 |
| --- | --- | --- |
| 角度（锥度）不正确 | ①小滑板转动的角度计算错误或小滑板角度调整不当；<br>②车刀没有装夹牢固；<br>③小滑板移动时松紧不均匀 | ①反复仔细计算小滑板应转动的角度和方向，反复试车找正；<br>②紧固车刀；<br>③调整小滑板的楔铁间隙，使小滑板移动均匀 |
| 最大径和最小径不正确 | ①未经常测量最大和最小直径；<br>②未控制车刀的背吃刀量 | ①经常测量最大和最小直径；<br>②及时测量，用计算法或移动床鞍法控制背吃刀量 |
| 双曲线误差 | 车刀刀尖未严格对准工件轴线 | 车刀刀尖必须严格对准工件轴线 |
| 表面粗糙度达不到要求 | ①与轴类零件相同；<br>②小滑板楔铁间隙不当；<br>③未留精车余量；<br>④手动进给忽快忽慢 | ①见前面轴类零件；<br>②调整小滑板的楔铁间隙；<br>③要适当留精车余量；<br>④手动进给要均匀，快慢一致 |

# 活动三 尾盖内腔加工

## 学习目标

1. 了解丝锥的几何结构和工作原理，并且能合理选择正确的丝锥。
2. 正确掌握丝锥攻螺纹的加工方法。
3. 了解端面槽的种类及作用，了解端面槽刀的几何形状和装刀方法。
4. 正确掌握车端面槽的加工方法。
5. 正确填写手电筒尾盖的加工工序，并完成手电筒尾盖的加工。

## 教学时间

6 课时

## 学习准备

工作页、机械手册、微课视频

## 学习内容

### 一、分析图纸

本次任务的加工图纸如图 5-8 所示。

1. 根据图 5-8，说明本次加工需要哪些加工内容？其尺寸精度要求有哪些？

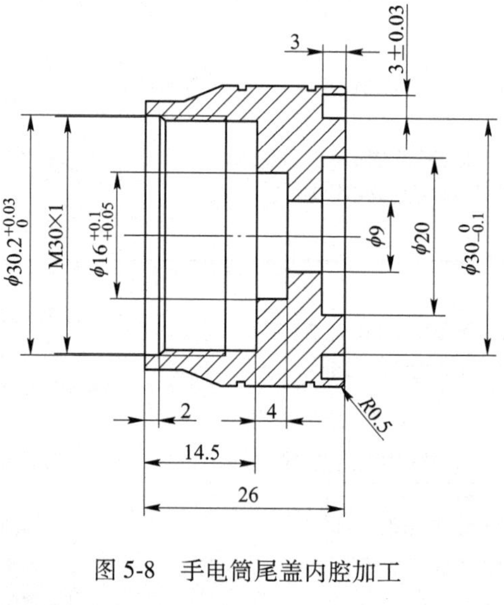


图 5-8 手电筒尾盖内腔加工

2. 本次加工内腔的台阶孔，采用什么样的加工方法？
3. 查阅资料，试计算出攻该零件内螺纹 M30×1 时，内孔直径应该车削到多大尺寸。

## 二、领取材料

在指导老师指导下，结合图纸分析，填写领取的工量刀具清单表5-17。

表5-17　工量刀具清单

| 序号 | 名　称 | 规　格 | 数量 | 领用人 |
|---|---|---|---|---|
| 1 | 90°车刀 | 硬质合金可转位车刀 | 1 | |
| 2 | | | | |
| 3 | | | | |
| 4 | | | | |
| 5 | | | | |

## 相关理论

### 丝　锥

1. 丝锥是高速钢制成的一种成形多刃刀具，也叫“丝攻”。丝锥有很多种，可分为手用丝锥和机用丝锥两类。手用丝锥主要是手工使用，通常为两支一组（攻M6～M24的内螺纹）或三支一组（攻M6以下或M24以上的内螺纹），分别称为初锥（头攻）、中锥（二攻）和底锥（三攻）。机用丝锥通常是用单支攻螺纹，一次成型，效率高。

丝锥的结构组成如图5-9所示，丝锥上面有4条容屑槽，这些容屑槽形成了切削刃，同时也起到排屑和通入切削液的作用。在丝锥前端的锥形部分叫切削部分（$L_1$），起主要切削作用；后圆柱部分叫作校准部分（$L_2$），是完整的刀齿，对工件牙型起校正、修光作用，同时也为只要切削部分导向。

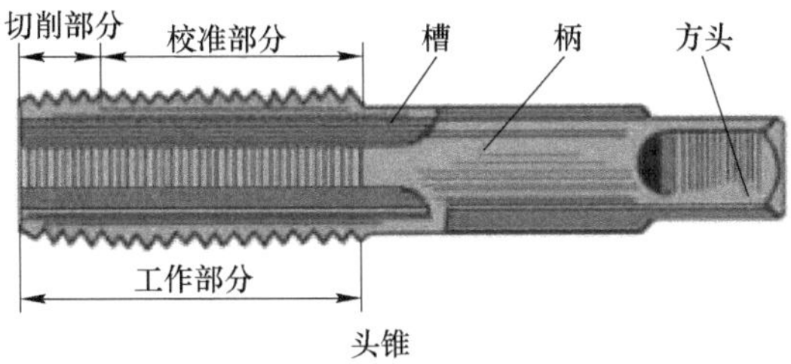


图5-9　丝锥的结构性状

2. 为了减少切削抗力并防止丝锥折断，攻螺纹前的孔径必须比螺纹小径稍大些，普通螺纹攻螺纹前孔径的计算公式如下：

攻塑性金属的内螺纹时：

$$D_{孔} \approx D - P$$

攻脆性金属的内螺纹时：

$$D_{孔} \approx D - 1.05P$$

式中 $D_{孔}$——攻内螺纹前的孔径，mm；

$D$——内螺纹的大径，mm；

$P$——螺距，mm。

### 车端面直槽

在端面上车直槽时，端面直槽车刀的几何形状是外圆车刀与内孔车刀的综合。其中刀尖 $a$ 处相当于车内孔，此处副后面的圆弧半径 $R$ 必须小于端面直槽的大圆半径，以防副后面与工件端面槽孔壁相碰。装夹端面直槽刀时，注意使其主切削刃垂直工件轴线，以保证车出的直槽底与工件轴线垂直，如图 5-10 所示。

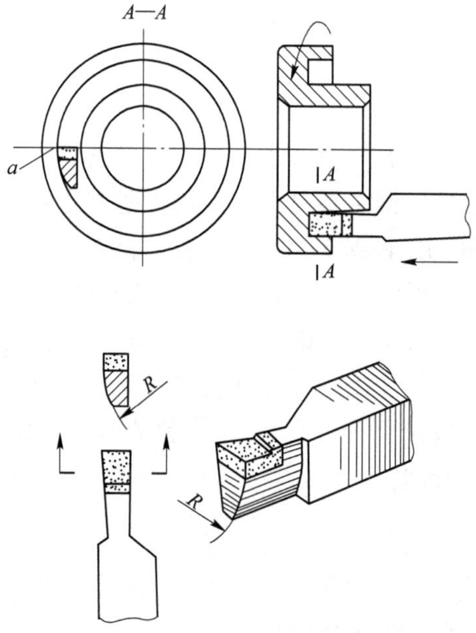


图 5-10 车端面直槽

## 三、零件加工

1. 根据零件图样，填写手电筒尾盖内腔加工工序卡片（见表 5-18）。

2. 在表 5-19 中根据图例及车削步骤，填写完整手电筒尾盖内腔加工内容，并根据步骤完成尾盖的加工。

**表 5-18　手电筒尾盖内腔加工工序卡片**

| 机械加工工序卡片 | 产品型号 | | 零件图号 | | | |
| --- | --- | --- | --- | --- | --- | --- |
| | 产品名称 | | 零件名称 | | 共　页 | 第　页 |

| 车间 | 工序号 | 工序名称 | 材料牌号 |
| --- | --- | --- | --- |
| | | | |
| 毛坯种类 | 毛坯外形尺寸 | 每毛坯可制件数 | 每台件数 |
| | | | |
| 设备名称 | 设备型号 | 设备编号 | 同时加工件数 |
| | | | |
| 夹具编号 | 夹具名称 | 切削液 | |
| | | | |
| 工位器具编号 | 工位器具名称 | 工序工时/min | |
| | | 准终 | 单件 |
| | | | |

| 工步号 | 工步内容 | 工艺装备 | 主轴转速 /r·min$^{-1}$ | 切削速度 /m·min$^{-1}$ | 进给量 /mm·r$^{-1}$ | 背吃刀量 /mm | 进给次数 | 工步工时 | |
| --- | --- | --- | --- | --- | --- | --- | --- | --- | --- |
| | | | | | | | | 机动 | 辅助 |
| 1 | | | | | | | | | |
| 2 | | | | | | | | | |
| 3 | | | | | | | | | |
| 4 | | | | | | | | | |
| 5 | | | | | | | | | |
| 6 | | | | | | | | | |
| | | | | | | | | | |
| | | | | | | | | | |

| | | | | | | | | | | 设计（日期） | 校对（日期） | 审核（日期） | 标准化（日期） | 会签（日期） |
| --- | --- | --- | --- | --- | --- | --- | --- | --- | --- | --- | --- | --- | --- | --- |
| 标记 | 处数 | 更改文件号 | 签字 | 日期 | 标记 | 处数 | 更改文件号 | 签字 | 日期 | | | | | |

**表 5-19　手电筒尾盖外形加工流程**

| 车削步骤 | 车削内容 | 图　示 |
|---|---|---|
| ①装夹工件 | • 用________装夹工件；<br>• 装夹工件时，工件的旋转中心必须与主轴轴线________，找正后夹紧工件 | 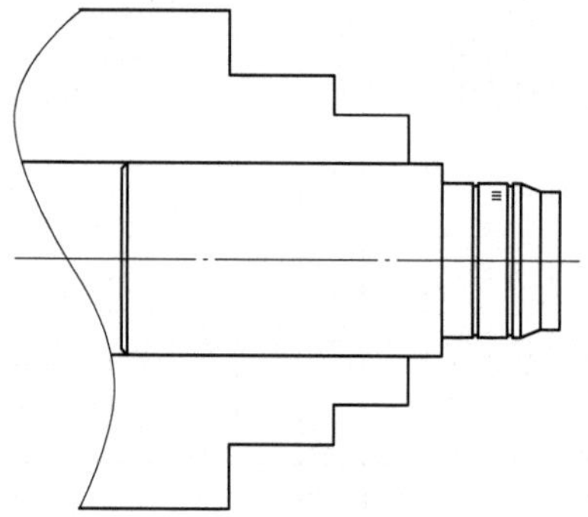 |
| ②钻底孔 | • 安装________麻花钻；<br>• 转速 $n$=________ r/min；<br>• 钻头钻至长________ mm；<br>• 浇注切削液为________ | 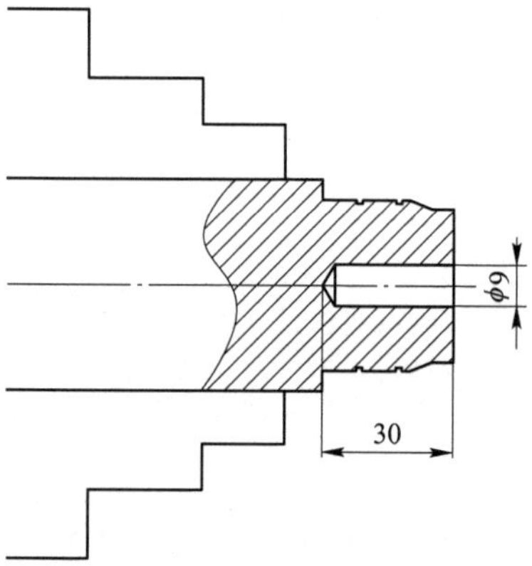 |
| ③扩孔 | • 安装________麻花钻；<br>• 转速 $n$=________ r/min；<br>• 钻头钻至长________ mm；<br>• 浇注切削液为________ | 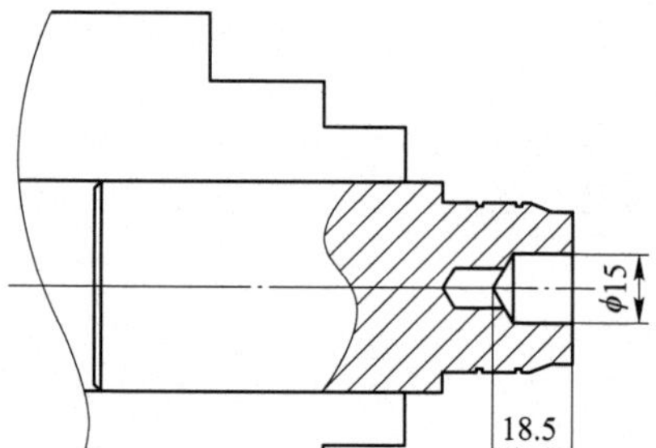 |

续表 5-19

| 车削步骤 | 车削内容 | 图　示 |
| --- | --- | --- |
| ④粗、精车台阶孔 | 粗车：<br>• 安装主偏角为________°的盲孔车刀；<br>• 粗车 $\phi$16 mm 内孔至________ mm 孔深为________ mm；<br>• 粗车 M30×1 内螺纹前内孔至________ mm 孔深为________ mm；<br>• 粗车 $\phi$30. 2mm 内孔至________ mm 孔深为________ mm；<br>• 转速 $n$=________ r/min；<br>• 进给量 $f$=________ mm/r。<br>精车：<br>• 精车给内孔至图示所标尺寸；<br>• 倒角 | 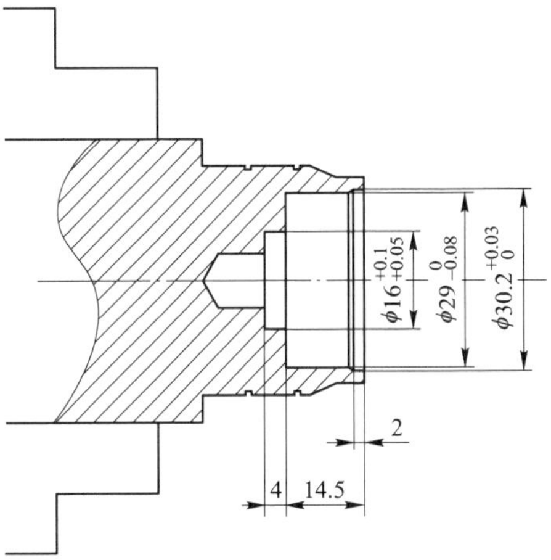 |
| ⑤攻螺纹 | • 找正尾座，使之与车床主轴轴线重合；<br>• 攻螺纹时的切削速度为 4 m/min，即把车床转速调整到________ r/min；<br>• 将攻螺纹工具装入尾座锥孔中，安装机用丝锥；<br>• 根据内螺纹的有效长度为________ mm，在丝锥上做标记；<br>• 浇注切削液为________；<br>• 转动尾座，使丝锥靠近工件端面处，固定尾座；<br>• 开启车床，转动尾座手轮，使丝锥进入内孔，丝锥攻入几牙后停止摇动尾座，由攻螺纹工具进给，攻内螺纹；<br>• 丝锥攻至所需深度时，使主轴反转，退出丝锥 | 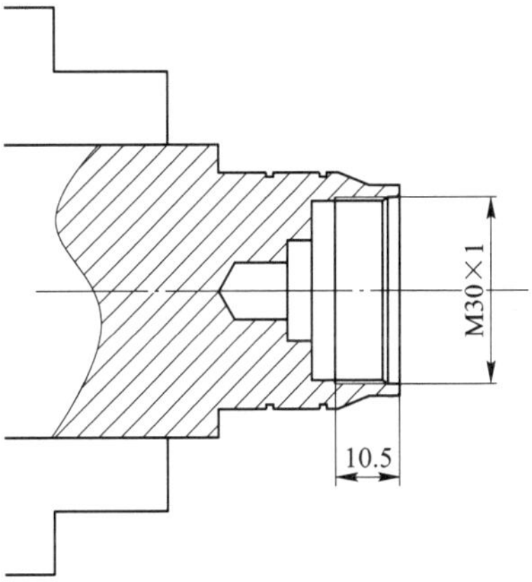 |
| ⑥切断 | • 安装刀头宽度________ mm 的切断刀；<br>• 切断工件，保证工件总长为________ mm；<br>• 转速 $n$=________ r/min；<br>• 剩余材料为后续加工材料，勿丢 | 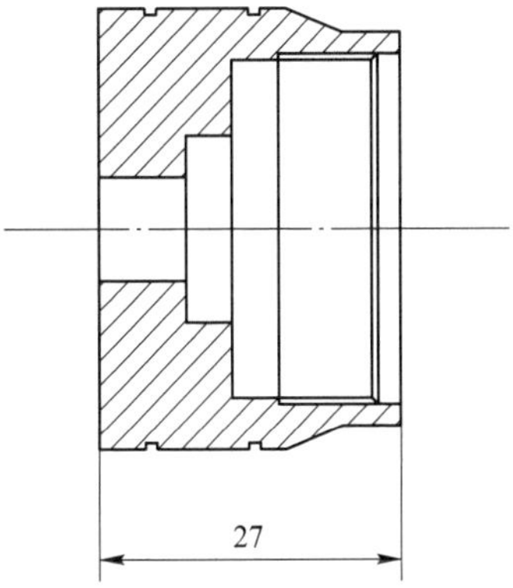 |

续表 5-19

| 车削步骤 | 车削内容 | 图　示 |
|---|---|---|
| ⑦掉头装夹，车端面，保总长 | • 装夹部分为直纹滚花，故装夹时，应用________包裹工件；<br>• 装夹工件时，工件的旋转中心必须与主轴轴线________，找正后夹紧工件；<br>• 车端面保证总长为________ mm | 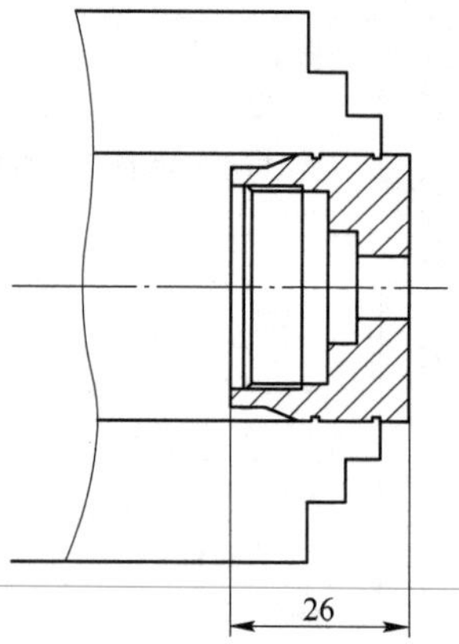 |
| ⑧粗、精车内孔 | 粗车：<br>• 安装主偏角为________°的盲孔车刀；<br>• 粗车 $\phi$20 mm 内孔至________ mm 孔深为________ mm。<br>精车：<br>• 精车内孔至尺寸 | 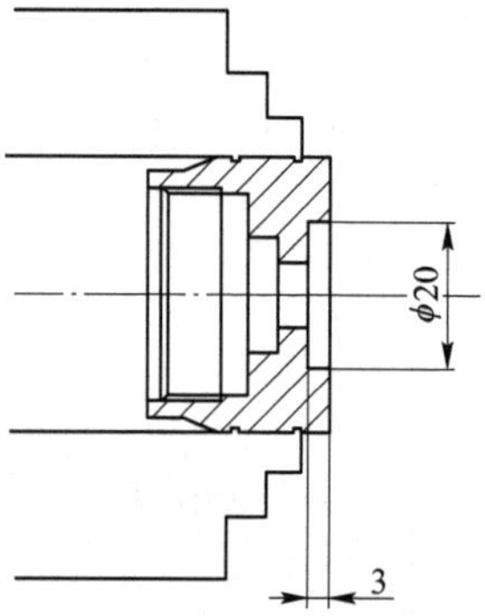 |
| ⑨车端面直槽、倒角 | • 安装________的端面槽刀；<br>• 车端面槽，保证槽宽为__________ mm，槽深为____ mm；<br>• 槽的小圆直径为________ mm；<br>• 倒圆弧角 | 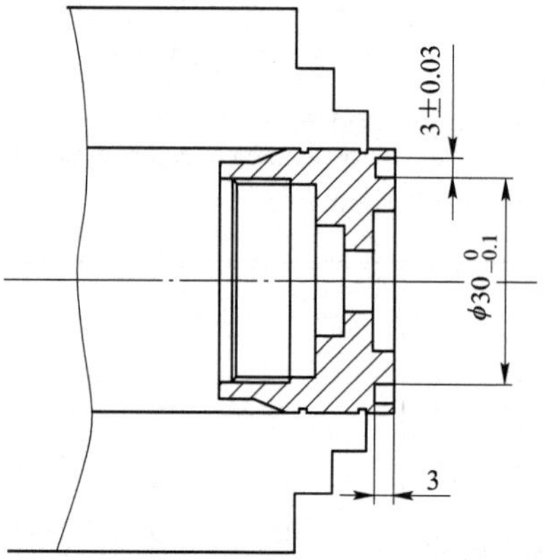 |

## 操作提示

攻螺纹的注意事项如下：

1. 选用丝锥时，应检查丝锥是否缺齿。

2. 装夹丝锥时，应防止丝锥歪斜。

3. 攻内螺纹时，应充分浇注切削液。

4. 攻螺纹时，不要一次攻至所需深度，应分多次进给，即丝锥每攻一段深度后应及时退出，清理切屑后，再继续向里攻。

5. 攻盲孔内螺纹时，应选用有过载保护机构的攻螺纹工具，并在丝锥上或攻螺纹工具上做出深度标记，防止丝锥攻至孔底而折断。

6. 严禁车床运转时用手或者棉纱清理螺纹孔内的切屑，以免发生事故。

# 活动四　尾盖的测量及误差分析

## 学习目标

1. 掌握端面槽的评分要求和检验方法。
2. 利用螺纹塞规完成内螺纹的检验。
3. 正确规范地使用工量具，并对其进行合理保养和维护。
4. 掌握端面槽和攻螺纹的质量分析，并对手电筒尾盖加工的零件进行产品质量分析。
5. 正确完成自测、组测，并根据检测结果正确填写检验报告。

## 教学时间

2 课时

## 学习准备

工作页、微课视频、检测工具

## 学习内容

### 一、手电筒筒身零件的检测

对加工完成的手电筒筒身零件进行检测，并把检测的结果填入表 5-20。

**表 5-20　轴类零件检测表**

| 序号 | 考核项目 | 考查内容及要求 | 分数 | 评分标准 | 自评 | 组评 | 师评 |
|---|---|---|---|---|---|---|---|
| 1 | 长度 | 26 mm | 2. 5 | 超差不得分 | | | |
| 2 | | 2 mm | 2. 5 | 超差不得分 | | | |
| 3 | | 14. 5 mm | 2. 5 | 超差不得分 | | | |
| 4 | | 4 mm | 2. 5 | 超差不得分 | | | |
| 5 | | 3 mm | 2. 5 | 超差不得分 | | | |
| 6 | 外圆 | $\phi30_{-0.1}^{0}$ mm | 10 | 超差不得分 | | | |
| 7 | 端面槽 | 槽深 3 mm | 2. 5 | 超差不得分 | | | |
| 8 | | 槽宽（3±0. 03）mm | 10 | 超差不得分 | | | |

续表 5-20

| 序号 | 考核项目 | 考查内容及要求 | 分数 | 评分标准 | 自评 | 组评 | 师评 |
|---|---|---|---|---|---|---|---|
| 9 | 倒角 | R0.5 倒角 | 5 | 未倒不得分 | | | |
| 10 | 内孔 | $\phi 9$ mm | 5 | 超差不得分 | | | |
| 11 | | $\phi 20$ mm | 5 | 超差不得分 | | | |
| 12 | | $\phi 16^{+0.1}_{+0.05}$ mm | 10 | 超差不得分 | | | |
| 13 | | $\phi 30.2^{+0.03}_{0}$ mm | 10 | 超差不得分 | | | |
| 14 | 攻螺纹 | M30×1 | 10 | 塞规检测，不符合要求不得分 | | | |
| 15 | 7S 管理 | 工量具使用情况 | 5 | 不符合要求酌情扣分 | | | |
| 16 | | 车床保养整理 | 5 | 不符合要求酌情扣分 | | | |
| 17 | 安全操作 | 安全操作机床 | 5 | 一处不合格扣 2 分，发生重大事故取消资格 | | | |
| 18 | | 工作服穿着 | 5 | 一处不合格扣 2 分 | | | |

## 相关理论

螺纹塞规（见图 5-11）用来检验外螺纹。它分别有通规 T 和止规 Z，在使用中要注意区分，不能搞错。如果通规难以拧入，应对螺纹的各直径尺寸、牙型角、牙型半角和螺距进行检查，经修正后再用通规检验。当通规全部拧入，止规不能拧入时，说明工件螺纹各基本要素符合要求。

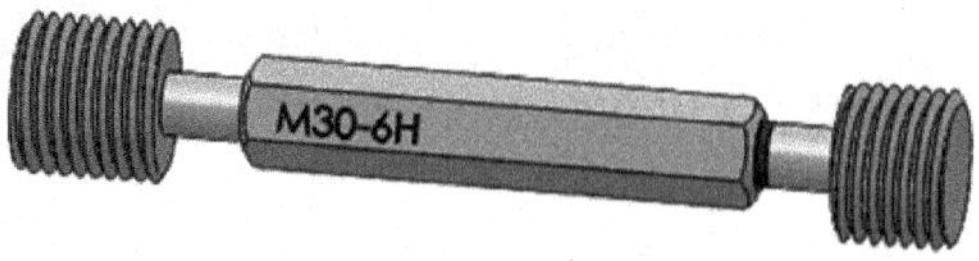


图 5-11　螺纹塞规

### 二、手电筒尾盖加工质量分析

1. 查阅资料（见表 5-21），针对工件中出现的问题和废品种类，分析原因，找出改进措施。

**表 5-21　攻螺纹时产生废品的原因及预防方法**

| 废品种类 | 产生原因 | 预防方法 |
|---|---|---|
| 牙型高度不正确 | 内螺纹的内孔钻得太大 | 按计算的尺寸来加工内孔 |
| 螺纹中径尺寸不正确 | ①丝锥安装歪斜；<br>②丝锥磨损 | ①校正尾座与主轴同轴度误差不超过 0.05 mm；<br>②更换丝锥 |
| 螺纹表面粗糙 | ①切削速度太高；<br>②切削液缺少或使用不当；<br>③丝锥牙齿部崩裂；<br>④容屑槽中切屑堵塞 | ①降低切削速度；<br>②合理选择和充分浇注切削液；<br>③修磨或调换丝锥；<br>④经常清除容屑槽中的切屑 |

2. 各小组选举一名质量监督人员，查看、统计小组完成的工件的废品率、合格率和返修率，并填写表 5-22，完成产品质量统计。

表 5-22　手电筒筒身外形产品质量统计

| 产品状态 | 数量 | 百分比 | 备　　注 |
|---|---|---|---|
| 合格 | | | |
| 返修 | | | |
| 报废 | | | |
| 返修后合格 | | | |
| 返修后报废 | | | |

注：报废产品是指无法进行后续加工，如发生加工事故的工件，或外圆太小，长度太短等。返修产品是指可以进行续加工完善的工件，如工件外圆较大，长度较长等，具体由质量监督人员决定。

# 活动五　工作总结与评价

## 学习目标

1. 结合自身情况，如实撰写工作总结和实训心得。
2. 分析总结小组完成任务的情况，能展示本任务的工作成果。
3. 发现问题，并能提出改进措施。

## 教学时间

2 课时

## 学习准备

工作页、展示白板

## 学习内容

### 一、个人自我评价

学生在分组小组内对本任务完成情况进行评价总结，提出在任务中遇到的困难，并给出设想的解决方法，完成自我评价的撰写。

### 二、小组评价

学生在分组小组内对本任务完成情况进行评价总结，小组内部进行评价，由小组选出优秀组员代表向全班作小组展示总结。

1. 展示的样品符合技术标准吗？

合格□　　　　良好□　　　　返修□　　　　报废□

2. 与其他组相比，本组的加工工艺：

工艺优化□　　　　工艺合理□　　　　工艺不合理□

3. 本小组展示总结表达：

很好□　　一般，需要补充□　　不清晰合理□

4. 手电筒尾盖的检测方法：

正确□　　部分正确□　　不正确□

5. 本小组的成员团队协作精神：

良好□　　一般□　　不足□

6. 手电筒尾盖加工质量：

良好□　　一般□　　不足□

## 三、教师评价

教师对各小组任务完成情况分别作评价。

1. 找出各小组的优点进行表扬。
2. 对任务完成过程中各组提出的问题进行点评，提出改进方法。
3. 对整个任务过程中出现的亮点和不足进行点评。
4. 评选出本次任务最优秀小组和本任务 MVP 学员。

具体评价体系见表 5-23。

**表 5-23　任务评价体系表**

班级：____________　　学生姓名：____________　　学号：____________

| 项　　目 | 自我评价 | | | 小组评价 | | | 教师评价 | | |
|---|---|---|---|---|---|---|---|---|---|
| | 10~9 | 8~6 | 5~1 | 10~9 | 8~6 | 5~1 | 10~9 | 8~6 | 5~1 |
| | 占总评 10% | | | 占总评 20% | | | 占总评 70% | | |
| 学习活动 1 | | | | | | | | | |
| 学习活动 2 | | | | | | | | | |
| 学习活动 3 | | | | | | | | | |
| 学习主动 4 | | | | | | | | | |
| 协作精神 | | | | | | | | | |
| 安全文明 | | | | | | | | | |
| 操作规范性 | | | | | | | | | |
| 纪律观念 | | | | | | | | | |
| 工作态度 | | | | | | | | | |
| 工作页质量 | | | | | | | | | |
| 小计 | | | | | | | | | |
| 总评 | | | | | | | | | |

指导教师：　　　　　　年　月　日

# 学习任务六　手电筒灯座加工（综合加工）

## · 学习目标

1. 正确阅读加工图纸，明确加工内容，加工数量等。
2. 查阅相关资料，明确加工技术要求，确定加工工艺，并能正确填写加工工艺过程卡片。
3. 识别常用的刀具材料，根据零件的材料和形状特征，通过查阅资料合理选择刀具。
4. 根据加工零件材料、刀具材料和加工性质等因素，查阅切削手册，确定切削用量三要素，并能运用切削速度计算公式，计算相应的转速。
5. 根据实训场地条件，查阅相关资料，确定符合加工技术要求的工、量、夹具，辅助用品和切削液。
6. 独立地书写加工工艺过程卡片和加工工序卡片。
7. 按照图纸要求，加工出所需的产品。
8. 按车间规定完成工量具领取单和归还单。
9. 正确地对已加工零件进行测量和产品质量分析。
10. 根据车间 7S 管理方案进行正确地摆放零件和各种工量具等。
11. 主动获取有效信息，展示成果，并能对组员和自我进行有效评价。

## · 建议课时

18 课时

## · 工作情境描述

学校产学研部门对车工实训班组所加工的手电筒尾盖进行了质量检验，发现合格率较好，现将手电筒灯座的加工任务下发至该班组，图纸如图 6-1 所示。同样数量为 50 只，交

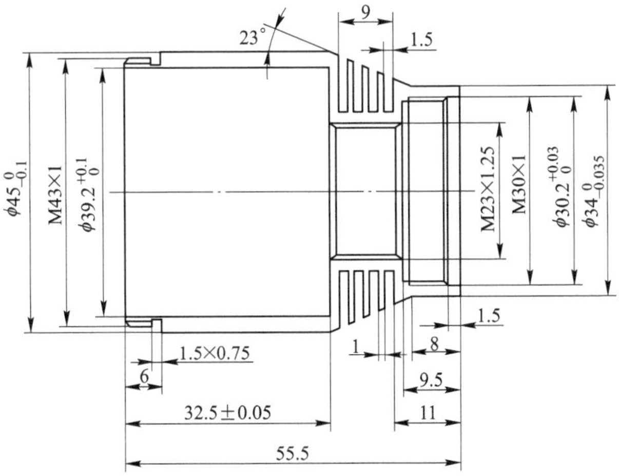

图 6-1　灯座

货期为 3 周，来料加工，加工原材料为上次任务切断剩余材料。

· **工作流程与活动**

1. 灯座的工艺分析（2 课时）。
2. 灯座加工（12 课时）。
3. 灯座的测量及误差分析（2 课时）。
4. 工作总结与评价（2 课时）。

## 活动一 灯座的工艺分析

### 学习目标

1. 阅读生产任务单，明确加工数量和完成时间。
2. 识读任务图样，明确加工要求、技术要求、尺寸精度等。
3. 理解圆锥的基本知识，并能正确计算圆锥的参数。
4. 正确识读加工工艺过程卡片，并能按要求填写完成工艺过程卡片。

### 教学时间

2 课时

### 学习准备

工作页、机械手册

### 学习内容

**一、阅读生产任务清单，明确加工任务**

1. 请根据生产任务单表 6-1，明确完成的数量和毛坯，并正确填写在下面。

零件的完成数量：__________件；

零件的毛坯：______________。

**表 6-1 生产任务清单**

<table>
<tr><td colspan="2">需方单位名称</td><td colspan="2"></td><td colspan="2">完成日期</td><td colspan="2">年 月 日</td></tr>
<tr><td>序号</td><td>产品名称</td><td>材料</td><td>数量</td><td colspan="4">技术标准、质量要求</td></tr>
<tr><td>1</td><td>手电筒灯座加工</td><td>45 号钢</td><td>50</td><td colspan="4">按图样要求</td></tr>
<tr><td>2</td><td></td><td></td><td></td><td colspan="4"></td></tr>
<tr><td>3</td><td></td><td></td><td></td><td colspan="4"></td></tr>
<tr><td colspan="2">生产批准时间</td><td>年 月 日</td><td>批准人</td><td></td><td colspan="2"></td><td></td></tr>
<tr><td colspan="2">通知任务时间</td><td>年 月 日</td><td>发单人</td><td></td><td colspan="2"></td><td></td></tr>
<tr><td colspan="2">接单时间</td><td>年 月 日</td><td>接单人</td><td></td><td colspan="2">生产班组</td><td>车工实训班组</td></tr>
</table>

2. 各个小组根据小组的实际情况接受加工订单数量，将完成数量填在表 6-2 中，完成表格填写。

**表 6-2　小组产品接单数量**

<table>
<tr><td colspan="2">任务单位</td><td colspan="2">车工实训班组</td><td>完成日期</td><td colspan="2">年　月　日</td></tr>
<tr><td>序号</td><td>产品名称</td><td>材料</td><td>数量</td><td colspan="3">技术标准、质量要求</td></tr>
<tr><td>1</td><td>手电筒灯座加工</td><td>45 号钢</td><td></td><td colspan="3">按图样要求</td></tr>
<tr><td>2</td><td></td><td></td><td></td><td colspan="3"></td></tr>
<tr><td>3</td><td></td><td></td><td></td><td colspan="3"></td></tr>
<tr><td colspan="2">接单时间</td><td>年　月　日</td><td>接单人</td><td></td><td>生产小组</td><td></td></tr>
</table>

## 二、识读零件图

手电筒灯座零件图如图 6-1 所示。

1. 识读零件图 6-1，详细说明该零件所需的加工内容有哪些。

2. 该零件的尺寸精度要求有哪些？完成表 6-3 的填写。

**表 6-3　轴类零件尺寸精度分析**

| 尺寸/mm | 加工内容 | 基本尺寸/mm | 公差/mm | 表面粗糙度/μm |
|---|---|---|---|---|
| | | | | |
| | | | | |
| | | | | |
| | | | | |
| | | | | |
| | | | | |
| | | | | |
| | | | | |

3. 本次任务中，需加工外螺纹 M43×1 和内螺纹 M30×1 和 M23×1. 25，请计算车削螺纹时的各个基本参数，完成表 6-4 的填写。

表 6-4　零件螺纹参数

| 螺纹 | M43×1 | M30×1 | M23×1. 25 |
|---|---|---|---|
| 公称直径 | | | |
| 螺距 | | | |
| 牙型角 | | | |
| 螺纹小径 | | | |
| 螺纹中径 | | | |
| 螺纹大径 | | | |
| 车削前外圆或内孔直径 | | | |
| 加工方法 | | | |

4. 根据本次加工中的锥面加工，试分析圆锥面的各几何参数，完成下表 6-5 的填写。

表 6-5　零件圆锥参数

| 几何参数 | 圆锥半角 | 大端直径 | 小端直径 | 锥度 | 圆锥长度 |
|---|---|---|---|---|---|
| 符号 | | | | | |
| 数值 | | | | | |

5. 本次内孔加工，采用怎么样的加工流程？在下面圆圈中填写完成，要写出所用刀具的型号，如“$\phi$9. 8 mm 麻花钻钻底孔”。

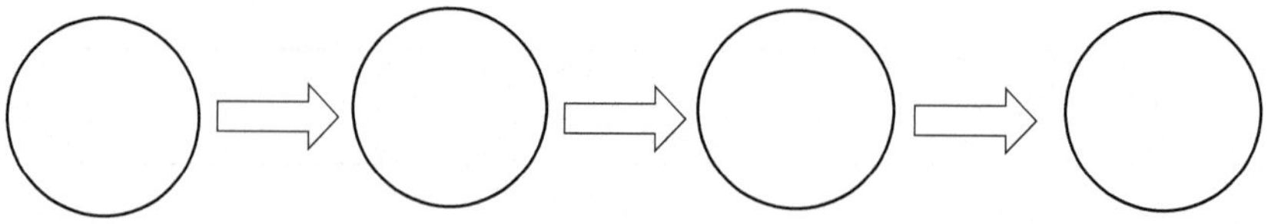

## 三、填写工艺过程卡片

根据手电筒灯座图样，填写加工工艺过程卡片（见表 6-6）。

本次加工的毛坯材料为上次剩余材料，棒料 $\phi$47 mm×80 mm，在加工时应采用怎么样的装夹方式？加工时，先加工外形还是内腔，请小组讨论，决定加工工艺过程。

**表 6-6　手电筒灯座加工工艺卡片**

| 机械加工工艺过程卡片 | 产品型号 | | 零（部）件图号 | | 共 1 页 |
|---|---|---|---|---|---|
| | 产品名称 | 手电筒灯座 | 零部件名称 | 灯座 | 第 1 页 |

| 材料牌号 | 45 号钢 | 毛坯种类 | 锻件 | 毛坯外形尺寸 | 手电筒灯座 | 每坯件数 | 1 | 每台件数 | 1 | 备注 | |
|---|---|---|---|---|---|---|---|---|---|---|---|

| 工序号 | 工序名 | 工序内容 | 车间 | 设备 | 工艺装备 | 工时 | |
|---|---|---|---|---|---|---|---|
| | | | | | | 终结 | 单件 |
| 1 | | | | | | | |
| 2 | | | | | | | |
| 3 | | | | | | | |
| 4 | | | | | | | |
| 5 | | | | | | | |
| 6 | | | | | | | |
| 7 | | | | | | | |

| | | | 编制 | 编制日期 | | 核对日期 | 会签日期 | 图号 |
|---|---|---|---|---|---|---|---|---|
| | | | | | | | | |
| 标记 | 处数 | 更改文件签字 | | | | | | |

# 活动二 灯 座 加 工

## 学习目标

1. 独立撰写手电筒灯座的加工工序卡片。
2. 小组合作，在加工过程中拍摄加工流程，并正确完成加工流程表。
3. 完成手电筒灯座加工。
4. 按照实训车间“7S 管理方案”完成车间的整理和摆放。

## 教学时间

12 课时

## 学习准备

工作页、机械手册、微课视频

## 学习内容

### 一、分析图纸

本次任务的加工图纸如图 6-1 所示。

### 二、领取材料

在指导老师指导下，结合图纸 6-1 分析，填写领取的工量刀具清单表 6-7。

表 6-7 工量刀具清单

| 序号 | 名 称 | 规 格 | 数量 | 领用人 |
|---|---|---|---|---|
| 1 | 90°车刀 | 硬质合金可转位车刀 | 1 | |
| 2 | | | | |
| 3 | | | | |
| 4 | | | | |
| 5 | | | | |
| | | | | |
| | | | | |
| | | | | |

### 三、零件加工

1. 根据零件图样，填写手电筒灯座加工工序卡片（见表 6-8）。

**表 6-8 手电筒灯座加工工序卡片**

| 机械加工工序卡片 | 产品型号 | | 零件图号 | | | |
|---|---|---|---|---|---|---|
| | 产品名称 | | 零件名称 | | 共 页 | 第 页 |

| 车间 | 工序号 | 工序名称 | 材料牌号 | |
|---|---|---|---|---|
| | | | | |
| 毛坯种类 | 毛坯外形尺寸 | 每毛坯可制件数 | 每台件数 | |
| | | | | |
| 设备名称 | 设备型号 | 设备编号 | 同时加工件数 | |
| | | | | |
| 夹具编号 | | 夹具名称 | 切削液 | |
| | | | | |
| 工位器具编号 | | 工位器具名称 | 工序工时/min | |
| | | | 准终 | 单件 |
| | | | | |

| 工步号 | 工步内容 | 工艺装备 | 主轴转速 /r·min$^{-1}$ | 切削速度 /m·min$^{-1}$ | 进给量 /mm·r$^{-1}$ | 背吃刀量 /mm | 进给次数 | 工步工时 机动 | 工步工时 辅助 |
|---|---|---|---|---|---|---|---|---|---|
| 1 | | | | | | | | | |
| 2 | | | | | | | | | |
| 3 | | | | | | | | | |
| 4 | | | | | | | | | |
| 5 | | | | | | | | | |
| 6 | | | | | | | | | |
| | | | | | | | | | |
| | | | | | | | | | |

| | | | | | | | | | | 设计（日期） | 校对（日期） | 审核（日期） | 标准化（日期） | 会签（日期） |
|---|---|---|---|---|---|---|---|---|---|---|---|---|---|---|
| 标记 | 处数 | 更改文件号 | 签字 | 日期 | 标记 | 处数 | 更改文件号 | 签字 | 日期 | | | | | |

2. 在加工过程中，同组学生相互帮忙，将本组制定的加工工艺过程以照片的形式拍摄下来，并将车削步骤和车削内容在表 6-9 中填写完整。

**表 6-9 手电筒灯座加工流程**

| 车削步骤 | 车削内容 | 图示 |
| --- | --- | --- |
| ① | | |
| ② | | |
| ③ | | |
| ④ | | |
| ⑤ | | |
| ⑥ | | |
| ⑦ | | |
| ⑧ | | |
| ⑨ | | |
| ⑩ | | |
| ⑪ | | |
| ⑫ | | |

3. 在车床上完成手电筒灯座的加工，并将加工中遇到的问题记录下来。

# 活动三 灯座的测量及误差分析

## 学习目标

1. 正确规范地使用工量具，并对其进行合理保养和维护。
2. 对手电筒灯座加工的零件进行产品质量分析。
3. 正确完成自测、组测，并根据检测结果正确填写检验报告。

## 教学时间

2 课时

## 学习准备

工作页、微课视频、检测工具

## 学习内容

### 一、手电筒筒身零件的检测

对加工完成的手电筒筒身零件进行检测，并把检测的结果填入表 6-10。

表 6-10　轴类零件检测表

| 序号 | 考核项目 | 考查内容及要求 | 配分 | 评分标准 | 自评 | 组评 | 师评 |
|---|---|---|---|---|---|---|---|
| 1 | 外圆 | $\phi45_{-0.1}^{0}$ mm | 5 | 超差不得分 | | | |
| 2 | | $\phi34_{-0.035}^{0}$ mm | 5 | 超差不得分 | | | |
| 3 | 内孔 | $\phi39_{0}^{+0.03}$ mm | 5 | 超差不得分 | | | |
| 4 | | $\phi30.2_{0}^{+0.1}$ mm | 5 | 超差不得分 | | | |
| 5 | 长度 | 55.5 mm | 2 | 超差不得分 | | | |
| 6 | | 6 mm | 2 | 超差不得分 | | | |
| 7 | | （32.5±0.05）mm | 5 | 超差不得分 | | | |
| 8 | | 11 mm | 2 | 超差不得分 | | | |
| 9 | | 9.5 mm | 2 | 超差不得分 | | | |
| 10 | | 8 mm | 2 | 超差不得分 | | | |
| 11 | | 1.5 mm | 2 | 超差不得分 | | | |
| 12 | | 9 mm | 2 | 超差不得分 | | | |
| 13 | | 1 mm（3 处） | 3 | 超差不得分 | | | |
| 14 | 槽 | 1.5×0.75 mm | 5 | 超差不得分 | | | |
| 15 | | 槽宽 1.5 mm(4 处) | 6 | 超差不得分 | | | |
| 16 | 螺纹 | M43×1 | 6 | 环规检测，不符合要求不得分 | | | |
| 17 | | M30×1 | 6 | 塞规检测，不符合要求不得分 | | | |
| 18 | | M23×1.25 | 6 | 塞规检测，不符合要求不得分 | | | |
| 19 | 锥面 | 圆锥半角 $\alpha/2=23°$ | 6 | 超差不得分 | | | |
| 20 | 倒角 | 锐角倒钝，未注 $C1$ | 3 | 未倒不得分 | | | |
| 21 | 7S 管理 | 工量具使用情况 | 5 | 不符合要求酌情扣分 | | | |
| 22 | | 车床保养整理 | 5 | 不符合要求酌情扣分 | | | |
| 23 | 安全操作 | 安全操作机床 | 5 | 一处不合格扣 2 分，发生重大事故取消资格 | | | |
| 24 | | 工作服穿着 | 5 | 一处不合格扣 2 分 | | | |

### 二、手电筒尾盖加工质量分析

1. 查阅资料，针对工件中出现的问题和废品种类，分析原因，找出改进措施。

2. 各小组选举一名质量监督人员，查看、统计小组完成的工件的废品率、合格率和返修率，并填写表 6-11，完成产品质量统计。

**表 6-11　手电筒尾盖产品质量统计**

| 产品状态 | 数量 | 百分比 | 备　注 |
| --- | --- | --- | --- |
| 合格 | | | |
| 返修 | | | |
| 报废 | | | |
| 返修后合格 | | | |
| 返修后报废 | | | |

# 活动四　工作总结与评价

## 学习目标

1. 结合自身情况，如实撰写工作总结和实训心得。
2. 分析总结小组完成任务的情况，能展示本任务的工作成果。
3. 发现问题，并能提出改进措施。

## 教学时间

2 课时

## 学习准备

工作页、展示白板

## 学习内容

### 一、个人自我评价

学生在分组小组内对本任务完成情况进行评价总结，提出在任务中遇到的困难，并给出设想的解决方法，完成自我评价的撰写。

### 二、小组评价

学生在分组小组内对本任务完成情况进行评价总结，小组内部进行评价，由小组选出优秀组员代表向全班作小组展示总结。

1. 展示的样品符合技术标准吗？

合格□　　　　良好□　　　　返修□　　　　报废□

2. 与其他组相比，本组的加工工艺：

工艺优化□　　工艺合理□　　工艺不合理□

3. 本小组展示总结表达：

很好□　　一般，需要补充□　　不清晰合理□

4. 手电筒尾盖的检测方法：

正确□　　部分正确□　　不正确□

5. 本小组的成员团队协作精神：

良好□　　一般□　　不足□

6. 手电筒尾盖加工质量：

良好□　　一般□　　不足□

## 三、教师评价

教师对各小组任务完成情况分别作评价。

1. 找出各小组的优点进行表扬。
2. 对任务完成过程中各组提出的问题进行点评，提出改进方法。
3. 对整个任务过程中出现的亮点和不足进行点评。
4. 评选出本次任务最优秀小组和本任务 MVP 学员。

具体评价体系见表 6-12。

**表 6-12　任务评价体系表**

班级：____________　　学生姓名：____________　　学号：____________

| 项　　目 | 自我评价 | | | 小组评价 | | | 教师评价 | | |
|---|---|---|---|---|---|---|---|---|---|
| | 10~9 | 8~6 | 5~1 | 10~9 | 8~6 | 5~1 | 10~9 | 8~6 | 5~1 |
| | 占总评 10% | | | 占总评 20% | | | 占总评 70% | | |
| 学习活动 1 | | | | | | | | | |
| 学习活动 2 | | | | | | | | | |
| 学习活动 3 | | | | | | | | | |
| 学习主动性 | | | | | | | | | |
| 团队精神 | | | | | | | | | |
| 安全文明 | | | | | | | | | |
| 操作规范性 | | | | | | | | | |
| 纪律观念 | | | | | | | | | |
| 工作态度 | | | | | | | | | |
| 工作页质量 | | | | | | | | | |
| 小计 | | | | | | | | | |
| 总评 | | | | | | | | | |

指导教师：　　　　　年　月　日

# 学习任务七　手电筒散件加工

## · 学习目标

1. 正确阅读加工图纸，明确加工内容，加工数量等。

2. 查阅相关资料，明确加工技术要求，确定加工工艺，并能正确填写加工工艺过程卡片。

3. 识别常用的刀具材料，根据零件的材料和形状特征，通过查阅资料合理选择刀具。

4. 根据加工零件材料、刀具材料和加工性质等因素，查阅切削手册，确定切削用量三要素，并能运用切削速度计算公式，计算相应的转速。

5. 根据实训场地条件，查阅相关资料，确定符合加工技术要求的工、量、夹具，辅助用品和切削液。

6. 独立地书写加工工艺过程卡片和加工工序卡片。

7. 掌握“一料多件”的加工方式。

8. 按照图纸要求，加工出所需的产品。

9. 按车间规定完成工量具领取单和归还单。

10. 正确地对已加工零件进行测量和产品质量分析。

11. 根据车间 7S 管理方案进行正确地摆放零件和各种工量具等。

12. 主动获取有效信息，展示成果，并能对组员和自我进行有效评价。

## · 建议课时

18 课时

## · 工作情境描述

学校产学研部门要求加工的手电筒的重要组成部分都已生产完毕，且实训班组所生产的产品，合格率较高，工期较稳，故将手电筒剩余零部件（手电筒灯罩、螺纹垫片和小垫片，见图 7-1）全部交由实训班组进行生产加工，交货期为 3 周，来料加工。

## · 工作流程与活动

1. 散件的工艺分析（2 课时）。

2. 散件加工（12 课时）。

3. 散件的测量及误差分析（2 课时）。

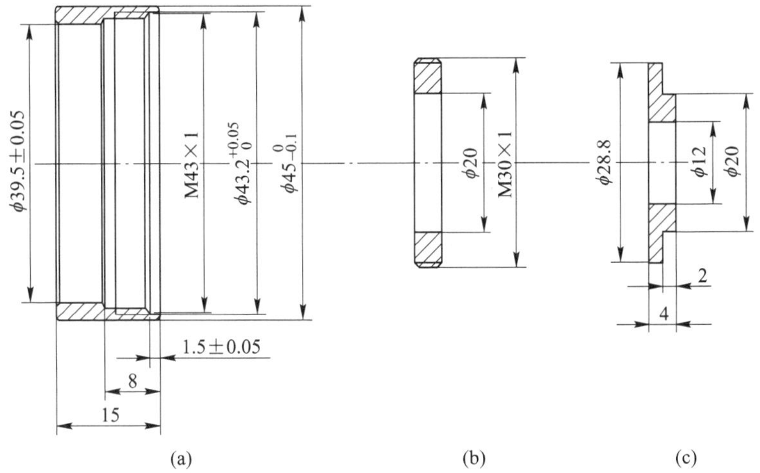


图 7-1　手电筒散件零件图

（a）手电筒灯罩；（b）手电筒螺纹片；（c）手电筒垫片

4. 工作总结与评价（2 课时）。

# 活动一　散件的工艺分析

## 学习目标

1. 阅读生产任务单，明确加工数量和完成时间。
2. 识读任务图样，明确加工要求、技术要求、尺寸精度等。
3. 理解圆锥的基本知识，并能正确计算圆锥的参数。
4. 正确识读加工工艺过程卡片，并能按要求填写完成工艺过程卡片。

## 教学时间

2 课时

## 学习准备

工作页、机械手册

## 学习内容

### 一、阅读生产任务清单，明确加工任务

本次任务的生产任务清单见表 7-1。

**表 7-1 生产任务清单**

| 需方单位名称 | | | | 完成日期 | 年 月 日 | |
|---|---|---|---|---|---|---|
| 序号 | 产品名称 | 材料 | 数量 | 技术标准、质量要求 | | |
| 1 | 手电筒灯罩加工 | 45 号钢 | 50 | 按图样要求 | | |
| 2 | 螺纹垫片 | | | | | |
| 3 | 小垫片 | | | | | |
| 生产批准时间 | | 年 月 日 | 批准人 | | | |
| 通知任务时间 | | 年 月 日 | 发单人 | | | |
| 接单时间 | | 年 月 日 | 接单人 | | 生产班组 | 车工实训班组 |

1. 请根据生产任务单表 7-1，明确完成的数量和毛坯，并正确填写在下面。

零件的完成数量：__________件；

零件的毛坯：______________。

2. 各个小组根据小组的实际情况接受加工订单数量，将完成数量填在下列表格中，完成表格 7-2 的填写。

**表 7-2 小组产品接单数量**

| 任务单位 | | 车工实训班组 | | 完成日期 | 年 月 日 |
|---|---|---|---|---|---|
| 序号 | 产品名称 | 材料 | 数量 | 技术标准、质量要求 | |
| 1 | 手电筒灯罩加工 | 45 号钢 | | 按图样要求 | |
| 2 | 螺纹垫片 | | | | |
| 3 | 小垫片 | | | | |
| 接单时间 | | 年 月 日 | 接单人 | | 生产小组 | |

## 二、识读零件图

手电筒各散件零件图如图 7-1 所示，本次的任务是根据图 7-1 加工出符合要求的零件。

1. 识读零件图 7-1，详细说明该零件所需的加工内容有哪些？

2. 该零件的尺寸精度要求有哪些？完成表 7-3 的填写。

**表 7-3 轴类零件尺寸精度分析**

| 尺寸 | 加工内容 | 基本尺寸 | 公差 | 表面粗糙度 |
|---|---|---|---|---|
| | | | | |
| | | | | |
| | | | | |
| | | | | |
| | | | | |
| | | | | |
| | | | | |
| | | | | |

3. 本次任务中，需加工外螺纹 M43×1 和内螺纹 M30×1，请计算车削螺纹时的各个基本参数，完成表 7-4。

**表 7-4　零件螺纹参数**

| 螺纹 | M43×1 | M30×1 |
|---|---|---|
| 公称直径 | | |
| 螺距 | | |
| 牙型角 | | |
| 螺纹小径 | | |
| 螺纹中径 | | |
| 螺纹大径 | | |
| 车削前外圆或内孔直径 | | |
| 加工方法 | | |

4. 本次加工中，奔匠公司所给的毛坯料形状为棒料、材料型号为 45 号钢、材料规格为 $\phi$50 mm×40 mm，一根材料需加工三件产品？请小组讨论，思考一下如何加工该系列工件。

工艺提示：

可以在毛坯料加工时，同时加工 3 件产品的外形，如图 7-2 所示，将 3 件产品的外形加工完毕后，开始加工小垫片内孔和螺纹垫片的内孔，然后切断小垫片，加工螺纹垫片的外螺纹加工，再切断螺纹垫片，最后完成手电筒灯罩的加工。

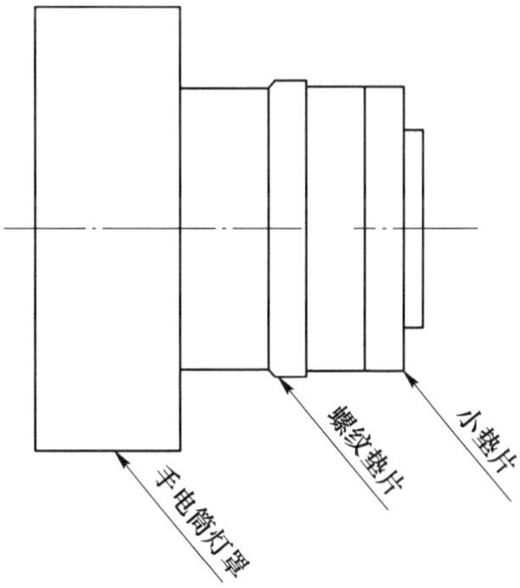


图 7-2　工艺提示

## 三、填写加工工艺过程卡片

根据手电筒散件图样，填写加工工艺过程卡片（见表 7-5）。

同学们可以根据工艺提示的方法加工 3 件零件，也可以小组讨论得出最佳的工艺方法，将小组讨论出的工艺过程填写在表 7-5。

**表 7-5 手电筒散件加工工艺卡片**

| | | | | | |
|---|---|---|---|---|---|
| 机械加工工艺过程卡片 | 产品型号 | | 零（部）件图号 | | 共 1 页 |
| | 产品名称 | 手电筒散件 | 零部件名称 | 散件 | 第 1 页 |

| | | | | | | | | | | | |
|---|---|---|---|---|---|---|---|---|---|---|---|
| 材料牌号 | 45 号钢 | 毛坯种类 | 锻件 | 毛坯外形尺寸 | 手电筒筒身 | 每坯件数 | 1 | 每台件数 | 1 | 备注 | |

| 工序号 | 工序名 | 工序内容 | 车间 | 设备 | 工艺装备 | 工时 | |
|---|---|---|---|---|---|---|---|
| | | | | | | 终结 | 单件 |
| 1 | | | | | | | |
| 2 | | | | | | | |
| 3 | | | | | | | |
| 4 | | | | | | | |
| 5 | | | | | | | |
| 6 | | | | | | | |
| 7 | | | | | | | |
| | | | 编制 | 编制日期 | 核对日期 | 会签日期 | 图号 |
| | | | | | | | |
| 标记 | 处数 | 更改文件签字 | | | | | |

# 活动二　散 件 加 工

## 学习目标

1. 独立撰写手电筒灯座的加工工序卡片。
2. 小组合作，在加工过程中拍摄加工流程，并正确完成加工流程表。
3. 完成手电筒散件加工。
4. 按照实训车间“7S 管理方案”完成车间的整理和摆放。

## 教学时间

12 课时

## 学习准备

工作页、机械手册、微课视频

## 学习内容

### 一、分析图纸

本次任务的加工图纸如图 7-1 所示。

### 二、领取材料

1. 各小组派代表到材料库领取材料，并完成表 7-6。

**表 7-6　领料单**

填表日期：________年______月______日　　　　发料日期：________年____月____日

<table>
<tr><td>领料班组</td><td colspan="2">车工实训班组</td><td colspan="2">产品名称及数量</td><td colspan="3">手电筒散件加工</td></tr>
<tr><td>领料单号</td><td colspan="2"></td><td colspan="2">零件名称及数量</td><td colspan="3"></td></tr>
<tr><td rowspan="2">材料名称</td><td rowspan="2">材料规格及型号</td><td rowspan="2">单位</td><td colspan="2">数量</td><td rowspan="2">单价</td><td colspan="2" rowspan="2">总价</td></tr>
<tr><td>申请</td><td>实发</td></tr>
<tr><td>45 号钢</td><td></td><td>根</td><td></td><td></td><td></td><td colspan="2"></td></tr>
<tr><td colspan="2">材料说明用途</td><td>材料仓库</td><td>主管</td><td>发料数量</td><td>领料部门</td><td>主管</td><td>领料数量</td></tr>
<tr><td colspan="2"></td><td></td><td></td><td></td><td></td><td></td><td></td></tr>
</table>

2. 在指导老师指导下，结合图纸分析，填写领取的工量刀具清单表 7-7。

表 7-7 工量刀具清单

| 序号 | 名　称 | 规　格 | 数量 | 领用人 |
|---|---|---|---|---|
| 1 | 90°车刀 | 硬质合金可转位车刀 | 1 | |
| 2 | | | | |
| 3 | | | | |
| 4 | | | | |
| 5 | | | | |
| | | | | |
| | | | | |
| | | | | |

## 三、零件加工

1. 根据零件图样，填写手电筒灯罩、螺纹垫片和小垫片加工工序卡片（见表 7-8）。

2. 在加工过程中，同组学生相互帮忙，将本组制定的加工工艺过程以照片的形式拍摄下来，并将车削步骤和车削内容在表 7-9 填写完整。

**表 7-8 手电筒灯罩、螺纹垫片和小垫片加工工序卡片**

| 机械加工工序卡片 | 产品型号 | | 零件图号 | | | |
|---|---|---|---|---|---|---|
| | 产品名称 | | 零件名称 | | 共 页 | 第 页 |

| 车间 | 工序号 | 工序名称 | 材料牌号 | |
|---|---|---|---|---|
| | | | | |
| 毛坯种类 | 毛坯外形尺寸 | 每毛坯可制件数 | 每台件数 | |
| | | | | |
| 设备名称 | 设备型号 | 设备编号 | 同时加工件数 | |
| | | | | |
| 夹具编号 | | 夹具名称 | 切削液 | |
| | | | | |
| 工位器具编号 | | 工位器具名称 | 工序工时/min | |
| | | | 准终 | 单件 |
| | | | | |

| 工步号 | 工步内容 | 工艺装备 | 主轴转速 /r · min$^{-1}$ | 切削速度 /m · min$^{-1}$ | 进给量 /mm · r$^{-1}$ | 背吃刀量 /mm | 进给次数 | 工步工时 | |
|---|---|---|---|---|---|---|---|---|---|
| | | | | | | | | 机动 | 辅助 |
| 1 | | | | | | | | | |
| 2 | | | | | | | | | |
| 3 | | | | | | | | | |
| 4 | | | | | | | | | |
| 5 | | | | | | | | | |
| 6 | | | | | | | | | |
| | | | | | | | | | |
| | | | | | | | | | |

| | | | | | | | | | | 设计（日期） | 校对（日期） | 审核（日期） | 标准化（日期） | 会签（日期） |
|---|---|---|---|---|---|---|---|---|---|---|---|---|---|---|
| 标记 | 处数 | 更改文件号 | 签字 | 日期 | 标记 | 处数 | 更改文件号 | 签字 | 日期 | | | | | |

表 7-9　手电筒灯罩、螺纹垫片和小垫片加工流程

| 车削步骤 | 车削内容 | 图　示 |
| --- | --- | --- |
| ① | | |
| ② | | |
| ③ | | |
| ④ | | |
| ⑤ | | |
| ⑥ | | |
| ⑦ | | |
| ⑧ | | |
| ⑨ | | |
| ⑩ | | |
| ⑪ | | |
| ⑫ | | |

3. 在车床上完成手电筒灯座的加工，并将加工中遇到的问题记录下来。

## 活动三　散件的测量及误差分析

### 学习目标

1. 正确规范地使用工量具，并对其进行合理保养和维护。
2. 对手电筒散件加工的零件进行产品质量分析。
3. 正确完成自测、组测，并根据检测结果正确填写检验报告。

### 教学时间

2 课时

## 学习准备

工作页、微课视频、检测工具

## 学习内容

### 一、手电筒筒身零件的检测

对加工完成的手电筒筒身零件进行检测，并把检测的结果填入表 7-10。

**表 7-10　手电筒灯罩、螺纹垫片和小垫片检测表**

| 序号 | 零件 | 考核项目 | 考查内容及要求 | 配分 | 评分标准 | 自评 | 组评 | 师评 |
|---|---|---|---|---|---|---|---|---|
| 1 | 手电筒灯罩 | 外圆 | $\phi 45_{-0.1}^{\ 0}$ mm | 8 | 超差不得分 | | | |
| 2 | | 内孔 | $\phi 39.5 \pm 0.05$ mm | 8 | 超差不得分 | | | |
| 3 | | | $\phi 43.2_{\ 0}^{+0.05}$ mm | 8 | 超差不得分 | | | |
| 4 | | 长度 | 15 mm | 3 | 超差不得分 | | | |
| 5 | | | 8 mm | 3 | 超差不得分 | | | |
| 6 | | | （1.5±0.05）mm | 8 | 超差不得分 | | | |
| 7 | | 螺纹 | M43×1 | 8 | 环规检测，不符合要求不得分 | | | |
| 8 | | 倒角 | 锐角倒钝，未注 *C*1 | 2 | 未倒不得分 | | | |
| 9 | 螺纹垫片 | 内孔 | $\phi 20$ mm | 3 | 超差不得分 | | | |
| 10 | | 长度 | 4 mm | 3 | 超差不得分 | | | |
| 11 | | 螺纹 | M30×1 | 8 | 环规检测，不符合要求不得分 | | | |
| 12 | | 倒角 | *C*1（2 处） | 2 | 未倒不得分 | | | |
| 13 | 小垫片 | 外圆 | $\phi 28.8$ mm | 3 | 超差不得分 | | | |
| 14 | | | $\phi 20$ mm | 3 | 超差不得分 | | | |
| 15 | | 内孔 | $\phi 12$ mm | 3 | 超差不得分 | | | |
| 16 | | 长度 | 2 mm | 3 | 超差不得分 | | | |
| 17 | | | 4 mm | 3 | 超差不得分 | | | |
| 18 | | 倒角 | 锐角倒钝 | 1 | 未倒不得分 | | | |
| 19 | 共有 | 7S 管理 | 工量具使用情况 | 5 | 不符合要求酌情扣分 | | | |
| 20 | | | 车床保养整理 | 5 | 不符合要求酌情扣分 | | | |
| 21 | | 安全操作 | 安全操作机床 | 5 | 一处不合格扣 2 分，发生重大事故取消资格 | | | |
| 22 | | | 工作服穿着 | 5 | 一处不合格扣 2 分 | | | |

### 二、手电筒散件加工质量分析

1. 查阅资料，针对工件中出现的问题和废品种类，分析原因，找出改进措施。

2. 各小组选举一名质量监督人员，查看、统计小组完成的工件的废品率、合格率和返修率，并填写表 7-11 ~ 表 7-13，完成产品质量统计。

**表 7-11 手电筒灯罩产品质量统计**

| 产品状态 | 数量 | 百分比 | 备 注 |
| --- | --- | --- | --- |
| 合格 | | | |
| 返修 | | | |
| 报废 | | | |
| 返修后合格 | | | |
| 返修后报废 | | | |

**表 7-12 螺纹垫产品质量统计**

| 产品状态 | 数量 | 百分比 | 备 注 |
| --- | --- | --- | --- |
| 合格 | | | |
| 返修 | | | |
| 报废 | | | |
| 返修后合格 | | | |
| 返修后报废 | | | |

**表 7-13 小垫片产品质量统计**

| 产品状态 | 数量 | 百分比 | 备 注 |
| --- | --- | --- | --- |
| 合格 | | | |
| 返修 | | | |
| 报废 | | | |
| 返修后合格 | | | |
| 返修后报废 | | | |

# 活动四 工作总结与评价

## 学习目标

1. 结合自身情况，如实撰写工作总结和实训心得。
2. 分析总结小组完成任务的情况，能展示本任务的工作成果。
3. 发现问题，并能提出改进措施。

## 教学时间

2 课时

## 学习准备

工作页、展示白板

## 学习内容

### 一、个人自我评价

学生在分组小组内对本任务完成情况进行评价总结，提出在任务中遇到的困难，并给出设想的解决方法，完成自我评价的撰写。

### 二、小组评价

学生在分组小组内对本任务完成情况进行评价总结，小组内部进行评价，由小组选出优秀组员代表向全班作小组展示总结。

1. 展示的样品符合技术标准吗？

合格□　　良好□　　返修□　　报废□

2. 与其他组相比，本组的加工工艺：

工艺优化□　　工艺合理□　　工艺不合理□

3. 本小组展示总结表达：

很好□　　一般，需要补充□　　不清晰合理□

4. 手电筒散件的检测方法：

正确□　　部分正确□　　不正确□

5. 本小组的成员团队协作精神：

良好□　　一般□　　不足□

6. 手电筒散件加工质量：

良好□　　一般□　　不足□

### 三、教师评价

教师对各小组任务完成情况分别作评价。

1. 找出各小组的优点进行表扬。
2. 对任务完成过程中各组提出的问题进行点评，提出改进方法。
3. 对整个任务过程中出现的亮点和不足进行点评。
4. 评选出本次任务最优秀小组和本任务 MVP 学员。

具体评价体系见表 7-14。

**表 7-14　任务评价体系表**

班级：__________　　学生姓名：__________　　学号：__________

| 项　目 | 自我评价 | | | 小组评价 | | | 教师评价 | | |
|---|---|---|---|---|---|---|---|---|---|
| | 10~9 | 8~6 | 5~1 | 10~9 | 8~6 | 5~1 | 10~9 | 8~6 | 5~1 |
| | 占总评 10% | | | 占总评 20% | | | 占总评 70% | | |
| 学习活动 1 | | | | | | | | | |
| 学习活动 2 | | | | | | | | | |
| 学习活动 3 | | | | | | | | | |
| 学习主动性 | | | | | | | | | |
| 团队精神 | | | | | | | | | |
| 安全文明 | | | | | | | | | |
| 操作规范性 | | | | | | | | | |
| 纪律观念 | | | | | | | | | |
| 工作态度 | | | | | | | | | |
| 工作页质量 | | | | | | | | | |
| 小计 | | | | | | | | | |
| 总评 | | | | | | | | | |

指导教师：　　　　　　年　月　日

# 学习任务八　手电筒装配及成品展示

**· 学习目标**

1. 正确阅读手电筒装配图，并能正确装配手电筒。
2. 勇于展示自己，对自己的作品进行讲解分析。
3. 正确评价手电筒成本的外形和质量。
4. 对有缺陷的零部件进行微调修理，保证手电筒的外观和实用性。

**· 建议课时**

4 课时

**· 工作情境描述**

学校产学研部门要求加工的手电筒的零部件已全部完工，产学研部门对本批产品较为满意，故将实训班组成员所制造的手电筒一人一部（自己加工的），希望该班组学生在下一阶段车工实训和实习中，更加努力，成为合格的普通车削工作者。装配任务图纸如图 8-1 所示。

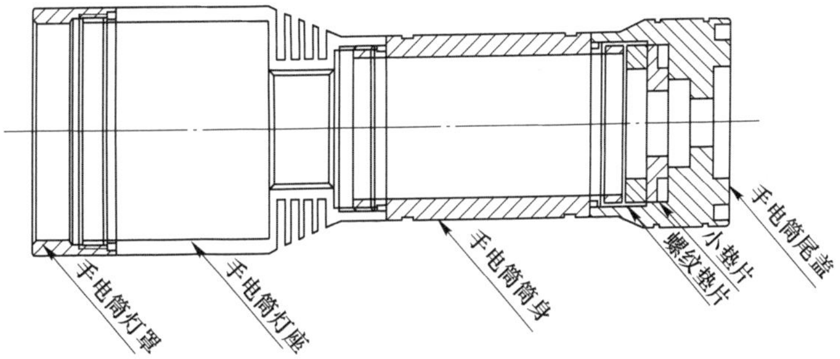


图 8-1　手电筒装配图

## 学习内容

1. 各组成员，领取本组成员所加工的手电筒零部件，按照图 8-1 所示进行手电筒的装配。装配完毕后，是否出现问题？如有问题，该如何解决？请查阅资料或者询问教师。

2. 每位同学与自己所制造的手电筒进行拍照留念，并附上实训期间的心得体会。

3. 每组同学选出最佳手电筒，上台展示作品，并讲解在加工手电筒产品中最大的收获体验。

4. 教师评选出年度手电筒加工优秀小组和年度 MVP“手电筒之星”，并颁发奖状，且可以将该组和该同学的手电筒进行打标，刻上姓名和组名，以示奖励。

## 参考文献

[1] 王公安，孙喜兵．车工工艺学［M］．6版．北京：中国劳动社会保障出版社，2020.
[2] 果连成．机械制图［M］．7版．北京：中国劳动社会保障出版社，2018.
[3] 人力资源和社会保障部教材办公室．车工工艺与技能训练［M］．2版．北京：中国劳动社会保障出版社，2015.